乡村振兴战略之人才振兴系列
农业机械化培训教材

农业农村
机械化应用及维护

陈 磊　陈莉君　张 增◎主编

- 培训技能人才
- 推动乡村振兴
- 助力农民增收致富

中国农业科学技术出版社

图书在版编目（CIP）数据

农业农村机械化应用及维护／陈磊，陈莉君，张增主编. —北京：中国农业科学技术出版社，2020. 8

ISBN 978-7-5116-4930-0

Ⅰ.①农…　Ⅱ.①陈…②陈…③张…　Ⅲ.①农业机械-操作②农业机械-机械维修　Ⅳ.①S232

中国版本图书馆 CIP 数据核字（2020）第 148368 号

责任编辑	崔改泵　院金谒
责任校对	李向荣

出 版 者	中国农业科学技术出版社
	北京市中关村南大街 12 号　邮编：100081
电　　话	（010）82109194（出版中心）（010）82109702（发行部）
	（010）82109709（读者服务部）
传　　真	（010）82109698
网　　址	http://www.castp.cn
经 销 者	各地新华书店
印 刷 者	北京富泰印刷有限责任公司
开　　本	880mm×1 230mm　1/32
印　　张	6
字　　数	161 千字
版　　次	2020 年 8 月第 1 版　2020 年 8 月第 1 次印刷
定　　价	35.00 元

目　　录

第一章　农业机械常用油料的使用 ………………………… (1)

　第一节　给农机加油不能过满 ………………………… (1)

　　一、柴油箱 ………………………………………… (1)

　　二、油底壳 ………………………………………… (1)

　　三、变速箱和后桥壳 ……………………………… (1)

　　四、车轮毂 ………………………………………… (1)

　　五、冷却水泵 ……………………………………… (2)

　　六、空气滤清器 …………………………………… (2)

　第二节　如何鉴别农机用油优劣 …………………… (2)

第二章　拖拉机的使用与维护 …………………………… (4)

　第一节　拖拉机的分类及基本组成 ………………… (4)

　　一、基本介绍 ……………………………………… (4)

　　二、基本组成 ……………………………………… (4)

　　三、类别划分 ……………………………………… (5)

　　四、国家标准 ……………………………………… (11)

　第二节　新购拖拉机要做"三件事" ………………… (21)

　　一、认真进行磨合 ………………………………… (21)

　　二、油水充足干净 ………………………………… (22)

　　三、按时按项保养 ………………………………… (22)

　第三节　拖拉机驾驶员的自我防护 ………………… (22)

　　一、预防冷却水烫伤 ……………………………… (22)

　　二、防止油料中毒 ………………………………… (23)

　　三、防止配合剂中毒 ……………………………… (23)

四、农忙季节防眼伤 ……………………………（24）

第四节　拖拉机突发事件应急技巧 ……………（24）

一、轮胎爆裂 …………………………………（25）

二、制动失效 …………………………………（25）

三、侧滑 ………………………………………（25）

第五节　拖拉机的维护 …………………………（25）

一、离合器的相关调整 ………………………（25）

二、变速箱部分 ………………………………（26）

三、后桥部分 …………………………………（26）

四、制动器的调整 ……………………………（26）

五、转向系的检查、调整 ……………………（27）

六、车轮的调整及保养 ………………………（27）

七、电器系统的检查与维护 …………………（28）

八、电气系统使用中的其他注意事项 ………（28）

九、液压悬挂系统的结构及调整 ……………（29）

十、拖拉机大修后该如何磨合 ………………（30）

第三章　耕整地机械的使用及维护 ……………（32）

第一节　耕地机械 ………………………………（32）

一、犁 …………………………………………（32）

二、微耕机 ……………………………………（35）

三、深松机 ……………………………………（38）

第二节　整地机械 ………………………………（42）

一、圆盘耙 ……………………………………（43）

二、联合整地机 ………………………………（46）

第四章　种植施肥机械使用及维护 ……………（49）

第一节　种植机械 ………………………………（49）

一、小麦（玉米）免耕播种机 ………………（49）

二、马铃薯种植机 ……………………………（54）

三、水稻插秧机 ………………………………（56）

第二节　施肥机械 …………………………………… (61)

一、分类 ……………………………………………… (61)

二、工作原理 ………………………………………… (62)

三、开沟施肥机的保养方法 ………………………… (62)

四、施肥机在使用时需要注意的事项 ……………… (63)

五、故障排除 ………………………………………… (64)

第五章　田园管理机械的使用及维护 ……………… (66)

第一节　中耕机 ……………………………………… (66)

一、主要工作部件 …………………………………… (66)

二、中耕机的调整 …………………………………… (68)

三、使用方法 ………………………………………… (69)

四、维护保养 ………………………………………… (70)

第二节　喷雾机 ……………………………………… (71)

一、背负式机动喷雾喷粉机 ………………………… (71)

二、悬挂式喷雾机 …………………………………… (76)

第六章　收获机械的使用及维护 …………………… (79)

第一节　全喂入式稻麦联合收割机 ………………… (79)

一、全喂入式稻麦联合收割机的分类 ……………… (79)

二、全喂入式稻麦联合收割机的结构及工作
原理 ……………………………………………… (81)

三、作业前准备 ……………………………………… (83)

四、作业方法及注意事项 …………………………… (84)

五、稻麦联合收割机的维护保养 …………………… (86)

六、故障排除 ………………………………………… (88)

第二节　玉米收获机 ………………………………… (89)

一、玉米收获机分类 ………………………………… (90)

二、玉米收获机主要功能部件 ……………………… (92)

三、玉米收获机的基本结构及工作原理 …………… (92)

四、大型玉米收获机的使用及注意事项 …………… (94)

五、安全作业提示 ·· (96)

第三节 马铃薯联合收获机 ································· (98)

一、基本构造与作用 ··· (99)

二、工作过程 ·· (99)

三、使用及调整方法 ······································· (100)

四、维护和保养 ··· (101)

第七章 粮食烘干机的使用及维护 ····················· (102)

第一节 我国主要的粮食烘干机分类 ··············· (102)

一、连续式粮食烘干机 ··································· (102)

二、循环式粮食烘干机 ··································· (103)

第二节 粮食机械化烘干的意义 ······················ (106)

一、解决自然晾晒存在的问题 ························ (106)

二、粮食损失 ··· (108)

三、粮食机械化烘干是解决谷物干燥的主力军 ··· (109)

第三节 如何选择粮食烘干机 ·························· (110)

一、稻谷、小麦、玉米的干燥条件及特点 ········ (110)

二、小麦的干燥条件及特点 ··························· (110)

三、玉米的干燥条件及特点 ··························· (111)

四、如何选择烘干机 ······································ (111)

第四节 干燥机及热源主要故障及其排除方法 ····· (114)

一、干燥机主要故障及其排除方法 ················· (114)

二、热风炉主要故障模式及其排除方法 ··········· (115)

第五节 粮食烘干机防火措施 ·························· (116)

一、酿成火灾的基本条件 ······························ (116)

二、常见的着火部位 ······································ (117)

三、诱发着火的直接原因 ······························ (117)

四、烘干塔失火的紧急处理办法 ····················· (119)

五、预防烘干塔失火的基本措施 ····················· (119)

第六节 粉尘爆炸 ·· (121)

第八章　畜牧机械：铡草机、饲料粉碎机的使用

　　及维护 ………………………………………………（123）

　第一节　铡草机 …………………………………………（123）

　　一、铡草机的简介 ……………………………………（123）

　　二、铡草机的分类 ……………………………………（123）

　　三、如何选择铡草机 …………………………………（124）

　　四、铡草机的操作 ……………………………………（125）

　　五、铡草机的维修与保养 ……………………………（127）

　第二节　饲料粉碎机 ……………………………………（129）

　　一、饲料粉碎机的简介 ………………………………（129）

　　二、饲料粉碎机的分类 ………………………………（130）

　　三、如何选择饲料粉碎机 ……………………………（131）

　　四、饲料粉碎机的操作 ………………………………（133）

　　五、饲料粉碎机的维修与保养 ………………………（134）

　　六、常见故障 …………………………………………（135）

　　七、安全技术要求 ……………………………………（135）

第九章　水产养殖机械：增氧机、投饲机的使用

　　及维护 ………………………………………………（138）

　第一节　增氧机 …………………………………………（138）

　　一、增氧机的简介 ……………………………………（138）

　　二、增氧机的分类 ……………………………………（139）

　　三、如何选择增氧机 …………………………………（140）

　　四、增氧机的操作 ……………………………………（140）

　　五、增氧机的维修与保养 ……………………………（141）

　第二节　投饵机 …………………………………………（143）

　　一、投饵机的简介 ……………………………………（143）

　　二、投饵机的种类 ……………………………………（144）

　　三、如何选择投饵机 …………………………………（145）

　　四、投饵机的操作 ……………………………………（145）

五、投饵机的维修与保养 ……………………（146）

第十章 设施农业机械：卷帘机、热风炉的
使用及维护 ………………………（148）

第一节 卷帘机 …………………………………（148）
一、卷帘机的简介 ………………………………（148）
二、卷帘机技术的优势 …………………………（149）
三、日光温室草帘卷铺卷帘机的卷铺作业方式 …（150）
四、卷帘机的安装 ………………………………（151）
五、使用注意事项 ………………………………（151）

第二节 热风炉 …………………………………（152）
一、热风炉简介 …………………………………（152）
二、热风炉的作用 ………………………………（152）
三、工作原理 ……………………………………（153）
四、应用范围 ……………………………………（155）
五、检修注意事项 ………………………………（156）

第十一章 农业机械化技术扶贫 ………………（157）
第一节 概述 ……………………………………（157）
第二节 农业机械化技术扶贫方法 ……………（158）
一、目标的确定 …………………………………（158）
二、基本原则 ……………………………………（158）
第三节 农业机械化技术扶贫工作原则 ………（159）
一、科学确定特色产业 …………………………（159）
二、促进一二三产业融合发展 …………………（160）
三、发挥新型经营主体带动作用 ………………（160）
四、完善利益联结机制 …………………………（160）
五、增强产业支撑保障能力 ……………………（161）
六、加大产业扶贫投入力度 ……………………（161）
七、创新金融扶持机制 …………………………（162）
八、加大保险支持力度 …………………………（162）

第四节　农业机械化技术扶贫的路径 …………………（162）

　　一、农业机械化技术应用 …………………………（162）

　　二、农业机械化转型升级 …………………………（166）

　　三、农机农艺融合 …………………………………（167）

　　四、农业机械化信息化融合 ………………………（168）

　　五、农机服务模式提升 ……………………………（170）

　　六、宜机化改造 ……………………………………（172）

　　七、农机生产与流通 ………………………………（173）

　　八、农机化技术创新 ………………………………（175）

　　九、农机化人才培养 ………………………………（176）

主要参考文献 ……………………………………………（178）

第一章　农业机械常用油料的使用

第一节　给农机加油不能过满

当农机需要加油时，一些人为图省事，常常加得过满。其实，给农机加油也有要求，并非"多多益善"。

一、柴油箱

发动机工作后，柴油会受热膨胀，加上机械振动，若油箱加得过满，柴油会从油箱盖溢出，既浪费油料，也容易引起火灾。因此，最好加到油箱容积的90%左右。

二、油底壳

当油底壳内的机油加得过多时，机油会窜入燃烧室参与燃烧，既增加了机油消耗，也容易引起飞车事故。此外，机油过多还会增加连杆、曲轴的运动阻力，增加功率损耗。因此，油底壳中机油应加至机油尺的上下刻度线之间。

三、变速箱和后桥壳

农用拖拉机变速箱和后桥壳内齿轮油加得过满，一方面增大了齿轮传动阻力，另一方面因齿轮油被搅动使其泡沫化和变质，同时甩起的油液易堵塞加油盖通气孔，导致油箱内压力升高，油液冲破油封流出，造成损坏和浪费。

四、车轮毂

车轮毂内腔较大，主要是为了散热。若安装滚动轴承时在轮毂内塞满润滑脂，既增加了运转阻力，也会因润滑脂受热变稀流出影响制动效能。因此，只要在滚动轴承上涂些润滑脂即可，以保持"空毂轮滑"。

五、冷却水泵

水泵轴承内加油不可过多，否则会增加轴承摩擦阻力，同时还会导致水泵的油封、水封过早损坏。

六、空气滤清器

油浴式空气滤清器油盘内的机油应加至刻度线位置，若加得过多，机油会吸入气缸参与燃烧，容易造成积炭，并引起飞车事故。

第二节　如何鉴别农机用油优劣

在农机用油的选择上不可小觑，选择不当将影响农机的正常使用和性能，今天介绍一套采用"看闻摇摸"四步简易鉴别农机用油的方法。

1. 看

看油品外观。不同种类的油品具有不同的颜色。仔细观察油品的颜色，颜色发淡的，多是轻质馏分和深度精制的油品，颜色深的，多是残油渣、精制程度不高的油品，或是重质馏分的油品。

2. 闻

闻油品的气味。油品的气味一般分为汽油味、煤油味、柴油味、酒精味、芳香味、酸味等。加入添加剂的油品，具有一定的酸味；有酒精成分的油品，具有酒精味；轻质的溶剂油，具有芳香味。

3. 摇

摇后观察油的稠稀程度。把油品在无色的玻璃瓶中进行摇晃，并观察油膜挂瓶情况和气泡的产生及消失快慢等现象，就可以基本区分出油品的不同牌号。黏度小的油，产生气泡多，上升速度快，消失也快，挂瓶少；黏度大的油，产生气泡少，上升速度慢，消失速度也慢，但油挂瓶较多。

4. 摸

用手摸油品的软硬程度和光滑感。精制好的油触摸时光滑感强，精制不好的油光滑感差。光滑感和软硬程度可以概略地分出不同牌号，号小的较软，号大的比较硬。

第二章　拖拉机的使用与维护

第一节　拖拉机的分类及基本组成

一、基本介绍

拖拉机是用于牵引和驱动作业机械完成各项移动式作业的自走式动力机，也可做固定作业动力。由发动机、传动、行走、转向、液压悬挂、动力输出、电器仪表、驾驶操纵及牵引等系统或装置组成。发动机动力由传动系统传给驱动轮，使拖拉机行驶，现实生活中，常见的都是以橡胶皮带作为动力传送的媒介。按功能和用途分农业、工业和特殊用途等；按结构类型分轮式、履带式、船形拖拉机和自走底盘等。

二、基本组成

拖拉机虽是一种比较复杂的机器，其型式和大小也各不相同，但它们都是由发动机、底盘和电器设备三大部分组成的，每一项都是不可或缺的。

发动机：它是拖拉机产生动力的装置，其作用是将燃料的热能转变为机械能向外输出动力。我国生产的农用拖拉机大都采用柴油机。

底盘：它是拖拉机传递动力的装置。其作用是将发动机的动力传递给驱动轮和工作装置使拖拉机行驶，并完成移动作业或固定作用。这个作用是通过传动系统、行走系统、转向系统、制动系统和工作装置的相互配合、协调来实现的，同时它们又构成了拖拉机的骨架和身躯。因此，我们把上述的四大系统和一大装置统称为底盘。也就是说，在拖拉机的整体中，除发动机和电器设备以外的所有系统和装置，都统称为拖拉机底盘。

电器设备：它是保证拖拉机用电的装置。其作用是解决照明、安全信号和发动机的起动。

三、类别划分

1. 手扶拖拉机

小型拖拉机适合当前农业小规模经营购买能力和使用条件，具有较强的生命力。小型拖拉机包括手扶拖拉机和小四轮拖拉机。1993 年末全国生产小型拖拉机产品的工厂有 80 多家，生产小型拖拉机 85.5 万台，其中手扶拖拉机 38.2 万多台。

手扶拖拉机

（1）大型手扶拖拉机。8.8kW（12 马力）手扶拖拉机多年来一直是手扶拖拉机销售市场的主销产品，销售市场以中南、华东、西南地区为主，西北、东北、华北地区对手扶拖拉机的需求量相对较小。手扶拖拉机的主导产品为东风-12、工农-12K、红卫-12 等四种 8.8kW（12 马力）定型产品。随着农业机械化的发展，今后小拖拉机发展的趋势是向 11kW（15 马力）、13.2kW（18 马力）迈进，下向 4.4kW（6 马力）、

5.9kW（8 马力）延伸。

（2）中小型手扶拖拉机。中型一般指 4.4~5.9kW（6~8 马力）；小型一般指 2.2~3.7kW（3~5 马力）。80 年代，随着农村经济体制改革及联产承包责任制的实行，对中小型手扶拖拉机的需求量迅速增加。小型手扶拖拉机的主要型号有 GN-31、丹霞-4、长江-51、长江-31、江西 TY-81 等。

2. 轮式拖拉机

1993 年大中型拖拉机生产厂共 13 家，生产 16 种型号的拖拉机，其中：轮式 14 种、履带式 2 种、集材型 2 种、农用四轮驱动型 3 种，功率范围从 18.4~58.9kW（25~80 马力）。年产量为 4.7 万台，其中轮式拖拉机占 64%，履带式拖拉机占 36%。小四轮拖拉机指功率 8.8~11kW（12~15 马力）的小型轮式拖拉机，生产厂 60 多家，年产量 42.1 万台。1993 年全国农机公司系统销售大中型拖拉机 3.85 万台、手扶拖拉机 35.1 万台。

轮式拖拉机

（1）小四轮拖拉机。在我国已有 20 多年的生产和使用历史，1993 保有量为 371 万台，占小型拖拉机保有量的 47%，由于它适应当前农村生产体制，有助于农村短距离运输，因而近几年发展迅猛。小四轮拖拉机产品有 7 种机型、60 多种型号。主要机型有泰山-12、长春-15、邢台-120/140、工农-12C、东方红-150/170/180、铁牛-120、长春-15、江苏-120/150、松江-12、江淮-12、河北-150、五台山-150、天水-15、新疆-150 等。小四轮拖拉机动力方面正在由 8.8kW 向 11kW、13.2kW 方向发展，结构方面部分机型由皮带传动改为直工全齿轮传动。13.2kW 的小四轮拖拉机有丰收-180/184、TY-180、金马-180 等机型。

（2）18.4~29.4kW（25~40 马力）轮式拖拉机。18.4kW（25 马力）轮式拖拉机是 20 世纪 60 年代中后期，我国首次自行设计的原东方红-20 型轮式拖拉机的变型机型。主要的生产厂家及机型有：山东拖拉机厂生产以旱地作业为主的泰山-25型拖拉机；湖北拖拉机厂生产以水田作业为主并水旱兼用的神牛-25 型拖拉机；宁波拖拉机厂生产的四轮驱动奔野-254 型拖拉机。这一等级派生的机型有 22kW（30 马力）的泰山-300 型及神牛-30 型拖拉机。中国第一拖拉机工程机械公司引进的意大利哥尔多尼公司 800RS/DT 和 900RS/DT 系列 19.1~29.4kW（26~40 马力）轮式拖拉机。此外，还有原东方红-28 型（20.6kW）轮式拖拉机的改型产品长春-400 型，它是在原有底盘大部分零部件不变动的情况下，配装上海内燃机厂生产的 495A-5 型柴油机，变动前后轮胎，并将功率提高到29.4kW（40 马力）。

（3）36.8~47.8kW（50~65 马力）轮式拖拉机。主要的生产厂及型号有：上海拖拉机厂生产的水旱兼用的上海-50 型拖拉机，其第四次改型为上海-50N 型，并有上海-504 型四轮驱动变型。新开发的产品有引进菲亚特（45~60 马力）拖拉机。天津拖拉机厂生产的铁牛-55C 型轮式拖拉机是该厂的主导产品，变型产品有 55G 型装载机、55H 型压路机、55CW 型挖掘机等，在铁牛-55 型基础上经过重大改进的新产品铁牛-

650 型轮式拖拉机，其功率由 40.4kW（55 马力）加大到
47.8kW（65 马力）。天津拖拉机厂还引进美国约翰迪尔公司
的 2140 型和 3140 型拖拉机（80~100 马力），长春拖拉机厂生
产的长春-1140CN 型拖拉机（40 马力）。

3. 履带式拖拉机

本系列分为 55~58.8kW（75~80 马力）农用履带式拖
拉机和农用及林业轮式拖拉机。主要生产厂家及型号有：中
国第一拖拉机工程机械公司生产的东方红-75 型履带式拖拉
机、变型产品东方红-60TJ 型前推后悬拖拉机、东方红-802
型履带式拖拉机和东方红-LF90 系列轮式拖拉机等。东方
红-802型履带式拖拉机是东方红-75 型拖拉机的换代产品，
功率由 55kW（75 马力）加大到 58.8kW（80 马力）。东方
红-LF90 系列轮式拖拉机是引进菲亚特 90 系列轮式拖拉机
底盘，配套里卡多公司设计的发动机，有 LF60·90（60 马
力）型、LF80·90（100 马力）型三种式拖拉机。沈阳拖拉

履带式拖拉机

机厂生产的 4450CL 型四轮驱动 118kW（160 马力）轮式拖
拉机。J-80 型集材拖拉机，用于林区原木作业为主并能综合
利用的铰接式四轮驱动型拖拉机。该机具有优越的越野性
能，爬坡能力强。

4. 机耕船

机耕船又称船形拖拉机，是我国水田机械化作业中独创的一种新型水田动力机械，解决了拖拉机不能下深泥脚水田（包括湖田、沤田、冬水田、海涂田等）的难题，机耕船主要在湖北、湖南、江西、广东等南方水田地区使用。

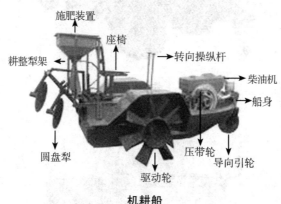

施肥装置
座椅
耕整犁架
转向操纵杆
柴油机
船身
圆盘犁
压带轮
导向引轮
驱动轮

机耕船

5. 耕整机

耕整机是 20 世纪 80 年代初发展的一种简单的小型农田机械，它是一种无变速箱的简易单轴拖拉机，功率为 2.21 ~ 3.31kW（3~4.5 马力），适用于田块小、田埂窄、作物"插花"、田块"插花"的一家一户的农田，在湖南、湖北、广东等省使用较多。

6. 农用运输车

农用运输车是适合我国农村交通条件的短途运输车辆，其结构和性能介于拖拉机和汽车之间，以柴油机为动力，具有小吨位、中低车速、低成本等特点。

7. 拖拉机配套机具

拖拉机是一种自走农用动力机械，需要与各种农具配套才

耕整机

农用运输车

能完成相应的作业。因此，农机经营单位要合理选择拖拉机的配套农具，以充分发挥拖拉机的作用。现将 8.8kW（12 马力）手扶拖拉机、8.8～11kW（12～15 马力）小四轮拖拉机、18.4kW（25 马力）四轮拖拉机、36.8kW（50 马力）四轮拖拉机、40.4～47.8kW（55～65 马力）四轮拖拉机、东方红 - 802 型。

8. 工程机械

拖拉机的耐用性和发动机功率使得它最适合承担工程任

务。拖拉机上经常安装一些工程工具，如推土机、推土铲、转载设备、铲斗、耕地设备、收获机等。推土机和铲斗经常装在拖拉机的前面，拖拉机安装工程工具以后，通常取名为工程车辆。

推土机通常是履带式拖拉机，前面装有刀片，后面装绳索绞盘。推土机是动力非常强大的拖拉机，和地面的接触非常好，其主要的任务就是推或拉东西。

推土机一直在不断发展，新产品越来越多，并具备以前拖拉机所不具备的功能。装载机就是一个例子，他用大的铲斗替代原来的刀片，并用液压臂来提升或降低铲斗，因此可以很容易捞起泥土、岩石和松软的材料，并把它们装到卡车上。

前置装载式装载机是携带工程工具的拖拉机，有两个液压动力的臂，分别装在前机舱的两侧；还有一个倾倒设备，其实就是一个开口较大的铲斗，也有安装平板叉或打包机的。

推土机的改型品种还包括将设备做得更小，以便在运动受到限制的狭小区域工作。还有小轮装载机，正式的名称是滑动转向装载机，它有一个"山猫"的绰号，特别适用于在有限的空间内进行挖掘工作。

9. 前后驱动型拖拉机

前后驱动型拖拉机是在手扶拖拉机的基础上改进的，爬坡时可以四个轮子同时发力，让车子的性能得到更好的发挥，比如手扶拖拉机只能拉 4 吨货，因为它只能用前面两个轮子爬坡，在同等坡度下，前后驱动拖拉机则可以拉 6~7 吨货，轻松上坡。

四、国家标准

与拖拉机相关的现行国家标准：

GB/T 14226—1993 草坪和园艺拖拉机三点悬挂装置

GB/T 6232—1998 农林拖拉机和机械车轮在轮毂上安装

尺寸

GB/T 8421—2000 农业轮式拖拉机驾驶座传递振动的试验室测量与限值

GB/T 4269.1—2000 农林拖拉机和机械、草坪和园艺动力机械操作者操纵机构和其他显示装置用符号第 1 部分：通用符号

GB/T 4269.2—2000 农林拖拉机和机械、草坪和园艺动力机械操作者操纵机构和其他显示装置用符号第 2 部分：农用拖拉机和机械用符号

GB/T 4329—2001 农林拖拉机和机具锁销和弹性销尺寸和要求

GB/T 9480—2001 农林拖拉机和机械、草坪和园艺动力机械使用说明书编写规则

GB/T 6961—2003 拖拉机动力输出轴和牵引装置的使用要求

GB/T 10916—2003 农业轮式拖拉机前置装置第 1 部分：动力输出轴和三点悬挂装置

GB/T 13877.5—2003 农林拖拉机和自走式机械封闭驾驶室第 5 部分：空气压力调节系统试验方法

GB/T 1593.2—2003 农业轮式拖拉机后置式三点悬挂装置第 2 部分：1N 类

GB/T 10911—2003 农业轮式拖拉机和后悬挂农具的匹配

GB/T 16955—1997 声学农林拖拉机和机械操作者位置处噪声的测量简易法

GB/T 17122—1997 草坪和园艺乘坐式拖拉机动力输出套管

GB/T 17123—1997 草坪和园艺乘坐式拖拉机单点套管式悬挂装置

GB/T 17124—1997 草坪和园艺乘坐式拖拉机牵引杆

GB/T 17125—1997 农业拖拉机和机具四点刚性挂接装置技术规范

GB/T 17127.2—1997 农业轮式拖拉机和机具三点悬挂挂接器第 2 部分：A 型框架式挂接器

GB/T 17127.1—1998 农业轮式拖拉机和机具三点悬挂挂接器第 1 部分：U 型框架式挂接器

GB/T 17127.3—1998 农业轮式拖拉机和机具三点悬挂挂接器第 3 部分：连杆式挂接器

GB/T 4269.3—2000 农林拖拉机和机械、草坪和园艺动力机械操作者操纵机构和其他显示装置用符号第 3 部分：草坪和园艺动力机械用符号

GB/T 13877.1—2003 农林拖拉机和自走式机械封闭驾驶室第 1 部分：词汇

GB/T 13877.2—2003 农林拖拉机和自走式机械封闭驾驶室第 2 部分：采暖、通风和空调系统试验方法和性能要求

GB/T 13877.3—2003 农林拖拉机和自走式机械封闭驾驶室第 3 部分：太阳能加热系统效率的确定

GB/T 13877.4—2003 农林拖拉机和自走式机械封闭驾驶室第 4 部分：空气滤清器试验方法

GB/T 19040—2003 农业轮式拖拉机转向要求

GB/T 17127.4—2003 农业轮式拖拉机和机具三点悬挂挂接器第 4 部分：杆式挂接器

GB/T 19209.1—2003 拖拉机修理质量检验通则第 1 部分：轮式拖拉机

GB/T 19209.2—2003 拖拉机修理质量检验通则第 2 部分：履带拖拉机

GB/T 19407—2003 农业拖拉机操纵装置最大操纵力

GB/T 10910—2004 农业轮式拖拉机和田间作业机械驾驶员全身振动的测量

GB/T 19498—2004 农林拖拉机防护装置静态试验方法和验收技术条件

GB/T 15369—2004 农林拖拉机和机械安全技术要求第 3 部分：拖拉机

GB/T 1593.4—2004 农业轮式拖拉机后置式三点悬挂装置第 4 部分：0 类

GB/T 6238—2004 农业拖拉机驾驶室门道、紧急出口与驾驶员的工作位置尺寸

GB/T 6235—2004 农业拖拉机驾驶员座位装置尺寸

GB/T 13875—2004 手扶拖拉机通用技术条件

GB/T 15370—2004 农业轮式和履带拖拉机通用技术条件

GB/T 3871.11—2005 农业拖拉机试验规程第 11 部分：高温性能试验

GB/T 3871.12—2005 农业拖拉机试验规程第 12 部分：使用试验

GB 10395.12—2005 农林拖拉机和机械安全技术要求第 12 部分：便携式动力绿篱修剪机

GB/T 3871.8—2006 农业拖拉机　试验规程　第 8 部分：噪声测量

GB/T 3871.2—2006 农业拖拉机　试验规程　第 2 部分：整机参数测量

GB 10395.6—2006 农林拖拉机和机械安全技术要求第 6 部分：植物保护机械

GB 10395.13—2006 农林拖拉机和机械安全技术要求第 13 部分：后操纵式和手持式动力草坪修剪机和草坪修边机

GB/T 3871.16—2006 农业拖拉机　试验规程　第 16 部分：轴功率测定

GB 10395.7—2006 农林拖拉机和机械安全技术要求第 7 部分：联合收割机、饲料和棉花收获机

GB/T 3871.13—2006 农业拖拉机　试验规程　第 13 部分：排气烟度测量

GB/T 3871.9—2006 农业拖拉机　试验规程　第 9 部分：牵引功率试验

GB/T 3871.17—2006 农业拖拉机　试验规程　第 17 部分：发动机空气滤清器

GB/T 3871.18—2006 农业拖拉机　试验规程　第 18 部分：拖拉机与机具接口处液压功率

GB/T 3871.1—2006 农业拖拉机　试验规程　第 1 部分：通用要求

GB/T 3871.15—2006 农业拖拉机　试验规程　第 15 部分：质心

GB/T 3871.3—2006 农业拖拉机　试验规程　第 3 部分：动力输出轴功率试验

GB 10395.5—2006 农林拖拉机和机械安全技术要求第 5 部分：驱动式耕作机械

GB/T 3871.4—2006 农业拖拉机　试验规程　第 4 部分：后置三点悬挂装置提升能力

GB/T 3871.7—2006 农业拖拉机　试验规程　第 7 部分：驾驶员的视野

GB/T 3871.5—2006 农业拖拉机　试验规程　第 5 部分：转向圆和通过圆直径

GB/T 3871.19—2006 农业拖拉机　试验规程　第 19 部分：轮式拖拉机转向性能

GB/T 3871.14—2006 农业拖拉机　试验规程　第 14 部分：非机械式传输的部分功率输出动力输出轴

GB/T 3871.6—2006 农业拖拉机　试验规程　第 6 部分：农林车辆制动性能的确定

GB/T 3871.10—2006 农业拖拉机　试验规程　第 10 部

分：低温起动

GB 10395.9—2006 农林拖拉机和机械安全技术要求第 9 部分：播种、栽种和施肥机械

GB 10395.8—2006 农林拖拉机和机械安全技术要求第 8 部分：排灌泵和泵机组

GB 10396—2006 农林拖拉机和机械、草坪和园艺动力机械安全标志和危险图形总则

GB 10395.15—2006 农林拖拉机和机械　安全技术要求第 15 部分：配刚性切割装置的动力修边机

GB 10395.14—2006 农林拖拉机和机械　安全技术要求第 14 部分：动力粉碎机和切碎机

GB 10395.10—2006 农林拖拉机和机械安全技术要求第 10 部分：手扶微型耕耘机

GB/T 20344—2006 农业拖拉机和机械电力传输联接器

GB/T 20341—2006 农林拖拉机和自走式机械操作者操纵机构操纵力、位移量、操纵位置和方法

GB/T 20342—2006 农业拖拉机和机械远程液压动力伺服和控制机构标志

GB/T 20343—2006 农业拖拉机和机械三点悬挂机具的联接装置机具上的间隙范围

GB/T 20339—2006 农业拖拉机和机械固定在拖拉机上的传感器联接装置技术规范

GB/T 20791—2006 农林拖拉机外部装置操纵件用支架和孔口

GB/T 20792—2006 轮式拖拉机最高速度的确定方法

GB/T 6960.1—2007 拖拉机术语第 1 部分：整机

GB/T 6960.5—2007 拖拉机术语第 5 部分：转向系

GB/T 6960.2—2007 拖拉机术语第 2 部分：传动系

GB/T 6960.3—2007 拖拉机术语第 3 部分：制动系

GB/T 6960.7—2007 拖拉机术语第 7 部分：驾驶室、驾驶座和覆盖件

GB/T 6960.6—2007 拖拉机术语第 6 部分：液压悬挂系及牵引、拖挂装置

GB/T 13876—2007 农业轮式拖拉机驾驶员全身振动的评价指标

GB/T 6960.4—2007 拖拉机术语第 4 部分：行走系

GB/T 7927—2007 手扶拖拉机振动测量方法

GB/T 2778—2007 农业拖拉机动力输出皮带轮圆周速度和宽度

GB/T 20953—2007 农林拖拉机和机械驾驶室内饰材料燃烧特性的测定

GB/T 20948—2007 农林拖拉机后视镜技术要求

GB/T 15833—2007 林业轮式和履带拖拉机试验方法

GB/T 15832—2007 林业轮式和履带拖拉机通用技术条件

GB/T 6229—2007 手扶拖拉机试验方法

GB/T 20949—2007 农林轮式拖拉机照明和灯光信号装置的安装规定

GB/T 3373—2008 农林拖拉机和机械轮辋

GB/T 6236—2008 农林拖拉机和机械驾驶座标志点

GB/T 14786—2008 农林拖拉机和机械驱动车轮扭转疲劳试验方法

GB/T 2780—2008 农业拖拉机牵引装置型式尺寸和安装要求

GB/T 14785—2008 农林拖拉机和机械车轮侧向负载疲劳试验方法

GB/T 6573—2008 拖拉机柴油机散热器型号编制方法

GB 18447.1—2008 拖拉机　安全要求第 1 部分：轮式拖拉机

GB/T 5862—2008 农业拖拉机和机具通用液压快换接头

GB/T 21955—2008 农林拖拉机和机械纸基摩擦片技术条件

GB/T 21959—2008 拖拉机运输机组技术条件

GB/T 21957—2008 农业轮式拖拉机半轴和驱动轴台架疲劳寿命试验方法

GB/T 7121.1—2008 农林轮式拖拉机防护装置强度试验方法和验收条件第1部分：后置式静态试验方法

GB/T 21956.3—2008 农林窄轮距轮式拖拉机防护装置强度试验方法和验收条件第3部分：后置式静态试验方法

GB/T 21956.2—2008 农林窄轮距轮式拖拉机防护装置强度试验方法和验收条件第2部分：前置式动态试验方法

GB/T 21956.1—2008 农林窄轮距轮式拖拉机防护装置强度试验方法和验收条件第1部分：前置式静态试验方法

GB/T 21960—2008 农林拖拉机驾驶座试验方法和验收条件

GB/T 21958—2008 轮式拖拉机前驱动桥

GB 16151.1—2008 农业机械运行安全技术条件第1部分：拖拉机

GB/T 7121.2—2008 农林轮式拖拉机防护装置强度试验方法和验收条件第2部分：后置式动态试验方法

GB/T 1592.3—2008 农业拖拉机后置动力输出轴1、2和3型第3部分：动力输出轴尺寸和花键尺寸、动力输出轴位置

GB/T 16877—2008 拖拉机禁用与报废

GB/T 1592.1—2008 农业拖拉机后置动力输出轴1、2和3型第1部分：通用要求、安全要求、防护罩尺寸和空隙范围

GB/T 1592.2—2008 农业拖拉机后置动力输出轴1、2和3型第2部分：窄轮距拖拉机防护罩尺寸和空隙范围

GB 6376—2008 拖拉机噪声限值

GB 18447.4—2008 拖拉机安全要求第 4 部分：皮带传动轮式拖拉机

GB 18447.3—2008 拖拉机安全要求第 3 部分：履带拖拉机

GB 18447.2—2008 拖拉机 安全要求第 2 部分：手扶拖拉机

GB/T 21956.4—2009 农林窄轮距轮式拖拉机防护装置强度试验方法和验收条件第 4 部分：后置式动态试验方法

GB/T 23292—2009 拖拉机燃油箱试验方法

GB 24387—2009 农业和林业拖拉机燃油箱安全要求

GB/T 2779—2009 拖拉机拖挂装置型式尺寸和安装要求

GB/T 7120—2009 农业轮式拖拉机和机具三点悬挂挂接器 3N 类、4N 类

GB/T 24660.2—2009 农业拖拉机乘员座椅

GB/T 24640—2009 水旱两用拖拉机通用技术条件

GB/T 24646—2009 拖拉机标定功率测试方法

GB/T 24660.1—2009 农林拖拉机驾驶员座椅技术条件

GB/T 24643—2009 拖拉机机组田间作业耗油量试验方法

GB/T 24642—2009 皮带传动轮式拖拉机磨合规程

GB/T 24651—2009 拖拉机变速拨叉技术条件

GB/T 24654—2009 农业轮式拖拉机及附加装置前装载装置连接支架

GB/T 19408.3—2009 农业车辆挂车和牵引车的机械连接第 3 部分：拖拉机牵引杆

GB/T 24641—2009 带作业机具的拖拉机机组通用技术条件

GB/T 24659.4—2009 农业履带拖拉机金属履带板技术条件

GB/T 24644—2009 农林拖拉机落物防护装置试验方法和

性能要求

　　GB/T 24659.1—2009 农业履带拖拉机导向轮技术条件

　　GB/T 24659.2—2009 农业履带拖拉机驱动轮技术条件

　　GB/T 24659.3—2009 农业履带拖拉机支重轮技术条件

　　GB/T 15370.2—2009 农业拖拉机通用技术条件第 2 部分：50～130kW 轮式拖拉机

　　GB/T 24650—2009 拖拉机花键轴技术条件

　　GB/T 24655—2009 农业拖拉机牵引农具用分置式液压油缸

　　GB/T 24652—2009 轮式拖拉机转向摇臂技术条件

　　GB/T 24653—2009 农业轮式拖拉机半轴技术条件

　　GB/T 24648.1—2009 拖拉机可靠性考核

　　GB/T 24645—2009 拖拉机防泥水密封性试验方法

　　GB/T 24649.1—2009 拖拉机挂车气制动系统储气筒技术条件

　　GB/T 24649.2—2009 拖拉机挂车气制动系统分配阀技术条件

　　GB/T 24649.3—2009 拖拉机挂车气制动系统空气压缩机技术条件

　　GB/T 24649.4—2009 拖拉机挂车气制动系统气制动阀技术条件

　　GB/T 24649.5—2009 拖拉机挂车气制动系统制动气室技术条件

　　GB/T 24656—2009 拖拉机用柴油滤清器技术条件

　　GB/T 24657—2009 拖拉机铸铁轮辋技术条件

　　GB/T 24658—2009 拖拉机排气消声器技术条件

　　GB/T 24647—2009 拖拉机适应性评价方法

　　GB/T 24668—2009 农林拖拉机和机具副液压系统

　　GB/T 24669—2009 农林拖拉机和机械驾驶员操作位置用

附属电力传输联接器

GB/T 5263—2009 农林拖拉机和机械动力输出万向节传动轴防护罩强度和磨损试验及验收规范

GB/T 17126.1—2009 农业拖拉机和机械动力输出万向节传动轴和动力输入连接装置第 1 部分：通用制造和安全要求

GB/T 17126.2—2009 农业拖拉机和机械动力输出万向节传动轴和动力输入连接装置第 2 部分：动力输出万向节传动轴使用规范、各类联接装置用动力输出传动系和动力输入连接装置位置及间隙范围

GB/T 25410—2010 以拖拉机为动力的移动式泵站

GB/T 25424—2010 农林拖拉机和机械风挡玻璃雨刷器

GB/T 25399—2010 农林拖拉机和机械液压接头制动回路

GB 25682.1—2010 皮带传动拖拉机牵引效率限值及确定方法第 1 部分：轮式拖拉机

GB/T 3372—2010 拖拉机和农业、林业机械用轮辋系列

GB/T 15370.4—2012 农业拖拉机通用技术条件第 4 部分：履带拖拉机

GB/T 1593.1—1996 农业轮式拖拉机后置式三点悬挂装置第 1 部分：1、2、3 和 4 类。

第二节　新购拖拉机要做"三件事"

一般来说，许多农民朋友选择在春耕春播或秋收秋种时节选购拖拉机投入农业生产，新购拖拉机怎么才能经久耐用呢？以下三个方面必须注意。

一、认真进行磨合

新出厂的拖拉机，买回后不能立即投入使用，要让机器转一转，使各个零件更好地磨合，否则容易造成某些部位损伤。拖拉机的磨合程序，一般分发动机空转、拖拉机空行和带负荷

行驶三个阶段，拖拉机由静到动，速度由低到高，负荷由小到大，每个阶段都有一定的要求。磨合中，既要注意观察发动机的工作情况，又要留心离合器、变速箱、转向器和制动器等工作情况，发现问题及时解决。

二、油水充足干净

为保证发动机正常运转，必须给水箱加足冷水，向油箱加足柴油，为各个润滑部位加足润滑油。加水是为了降低发动机的温度，水应是不含或少含钙镁盐类的软水，如雨水、经过煮沸沉淀后的井水、河水；如果加硬水、脏水，水箱和散热器容易堵塞或生成水垢，使发动机过热。

三、按时按项保养

拖拉机每天工作 10h 或消耗柴油 20kg 时就要进行技术保养；每工作 100h、500h、1 000h，要分别进行一级、二级、三级技术保养。每种技术保养都有固定的项目和内容，如进行技术保养时，要清除拖拉机各处的泥土、灰尘和油垢；发动机停止转动 10min 之后，应检查机油油面高度，检查水箱水量和油箱油量，检查各接合部位有无漏水、漏油、漏气现象，检查轮胎气压，检查外部螺母、螺栓紧固情况，检查机油压力指示器是否正常等。

第三节 拖拉机驾驶员的自我防护

一、预防冷却水烫伤

介绍一种有效防止被冷却水烫伤的方法：取废驱动轮内胎一个，剪下 200mm 长，准备与水箱接触的部位剪成 45℃斜面。安装时，将水箱漏斗拆下，将这截内胎与水箱漏斗一并拧紧在水箱上，开口向前。这样，即使拖拉机突然翘头，冷却水也不会立即倾下，且这样做也不影响水箱的散热功能。

二、防止油料中毒

汽油和柴油对人体有毒害作用。加入汽油中的抗爆燃剂四乙基铅，能通过呼吸道、消化道和皮肤侵入人体，强烈刺激神经系统，引起急性或慢性中毒。柴油蒸气被呼吸道吸入肺部后，会引发肺炎，常和柴油蒸气、机油接触，会产生接触性皮炎，如红斑、丘疹、水痘等。

预防措施：一是用汽油、柴油擦洗零件时，要借助钢丝刷或毛刷，尽量避免皮肤直接接触柴油或汽油。当汽油、柴油溅入眼内时，应立即用清水冲洗；二是禁止用嘴吸油管，特别是含铅汽油，加油时要用加油工具；三是有呼吸道、心血管、中枢神经系统疾病的人，最好避免接触汽油和柴油，以免加重病情；四是接触汽油、柴油的驾驶员在工作完毕后，要立即用温水、肥皂洗脸洗手，若发生柴油、机油接触性皮炎，可用10%酚炉甘石洗剂外擦患处，每日1次，或用10%氢化可的松软膏、肤轻松软膏涂擦，每日3次。若有糜烂渗液，可用3%硼酸溶液冷敷，每日3次，每次0.5h，若有感染，可外涂红霉素软膏，口服抗生素，用皮质激素药物进行治疗。

三、防止配合剂中毒

配合剂主要通过人的呼吸、皮肤接触和误食这三种途径进入人体。其中最严重的是呼吸和皮肤接触，而误食的可能性比较小。当配合剂通过鼻腔进入人体到达肺部时，由于人肺叶毛细血管多，所以毒物不经肝脏的解毒作用就直接进入血液，故对人体毒害较大。同样，当胶粘剂污染皮肤后，低分子毒物可以通过毛孔进入皮下，未经过肝脏解毒就随血液分布全身，故对人体毒害也较大。

预防措施：一是操作场地面积一般应大于$18m^2$；二是要

保持场地通风、卫生和光线良好，把容器盖好，将剩余的配合剂及脏物及时处理；三是工作完成以后，要及时洗净手；四是在操作中要尽量避免直接接触胶黏剂，要戴防护手套和防护面具，最好的办法是在手上涂上食物油（戴手套不便于操作时）。

四、农忙季节防眼伤

"三夏""三秋"农忙季节，驾驶员担负着机收、机脱、机耕、机播和机械秸秆还田等繁重的作业任务，此时如果不注意眼睛的保护，则容易发生眼外伤（最常见的有角膜擦伤、溅伤等）。角膜被树枝、穗稍触碰，被谷粒、麦穗和沙土等异物溅伤，若处理不及时或处理不当，细菌随致伤物进入角膜损伤处，会引起角膜溃疡。角膜溃疡治愈后会留下厚薄不一的疤痕，将导致视力下降，严重者可引起角膜穿孔，致使眼内容物脱出，形成角膜葡萄肿。如若再继发眼内感染，使整个眼球化脓，最后只能做眼球摘除手术。所以对眼外伤千万不能麻痹大意。

预防眼外伤的措施：驾驶员要按照安全生产操作规程办事，配戴劳动保护眼镜，在不影响操作视线的前提下，也可配戴风镜。一旦异物入眼或发生角膜外伤时，切忌用衣襟或手使劲揉擦眼睛。临时应急措施是反复眨眼，让异物随泪水流出来，或用洁净水冲洗眼部；如有麦芒或异物嵌入了角膜，决不能用针挑除，应尽快到眼科医院诊治。

第四节　拖拉机突发事件应急技巧

拖拉机出行中，最怕的就是在半路出故障，掌握突发事件时自救，也是农民朋友在安全出行时必备的技能之一。

一、轮胎爆裂

如果主车是后胎爆裂，车尾挂车会发生摇摆，驾驶员应双手紧握方向盘，使机车保持直线行驶。此时，最重要的是不要急踩刹车，应减速慢行并反复间接性的踩踏制动踏板。如果爆裂的是前轮胎，驾驶员应用力的把握方向盘并保持车辆直行，不要让车辆左右偏行，并轻踩制动踏板，以免机车前部承受太大的压力导致轮胎脱离，造成车毁人亡。

二、制动失效

首先控制好行驶方向，同时狠踩几下刹车，减速慢行，迅速转入低速挡，利用发动机减速，如仍无效而拖拉机有可能面临碰撞或下滑危险时，还可利用路边设施，如路边树丛、土墩、草垛等，也能及时帮助拖拉机减速，直至停下来。

三、侧滑

如果遇到下雨天造成的侧滑时，应立即停止制动，减小油门，同时把方向盘转向侧滑的一侧，打方向盘时不能过急或持续时间过长，否则车辆会向相反的方向滑动。如果是其他原因引起的，在侧滑时尽量不要使用制动，并且要使离合器保持接合状态。

第五节　拖拉机的维护

一、离合器的相关调整

1. 离合器踏板自由行程的调整

离合器踏板自由行程应为 40~45mm，此时分离轴承间隙为 2~2.5mm。如果由于摩擦片及压盘磨损，造成分离间隙减小，则需调整离合器踏板拉杆长度，拆下销轴，松开锁紧螺母，旋转连接叉，恢复标准自由行程。

2. 离合器压盘分离杆调整

当调整离合器拉杆达不到 40~45mm 自由行程时，可打开离合器检视孔盖，用扳手进行调整。

调整时应使三个离合器压盘分离杆头部和发动机飞轮壳后端面距离为 95.5mm，三个离合器压盘分离杆应在同一平面，且误差不大于 0.2mm。

3. 主离合器分离行程的调整

为获得合适的行程，应使离合器主压板上三个调整螺钉端面和副摩擦片压板三个凸耳之间的间隙为 1.4mm。调整时，松开锁紧螺母，转动调整螺钉，用厚薄规调整螺钉头端面和副摩擦片压板凸耳之间的间隙，调整完毕后，将锁紧螺母拧紧。

二、变速箱部分

拖拉机变速箱由四个前进挡、一个倒挡的主变速箱和行星齿减速机构的副变速组成。共有八个前进挡和两个倒退挡。

三、后桥部分

后桥主要由中央传动、差速器、差速锁、最终传动、左右半轴、动力输出轴及操纵机构等组成。

四、制动器的调整

（1）当制动摩擦片磨损后，制动踏板的自由行程就会增大，制动效果不良，这时应松开连接杆上的锁紧螺母，顺时针方向转动螺母，使自由行程减少，反之增大。保证制动踏板自由行程为 90~120mm。

（2）左右制动器摩擦片间总间隙的调整是通过增减制动

器调整垫片来实现的，即相对表面总间隙在 1～1.4mm。

（3）左右制动器制动拉杆要调整一致。一般在水泥路面上紧急制动，检查轮胎拖印的长度要一致，调整方法是调整制动盘拉杆上两锁紧螺母的位置，然后拧紧螺母。

五、转向系的检查、调整

1. 液压转向系在使用中的注意事项

（1）油泵、油箱、转向器的出油口和油管各接头处应拧紧，防止渗油。

（2）检查转向油缸活塞杆处是否渗油，检查油封是否失效，若有失效须及时更换。

（3）转向横拉杆球销和转向油缸两端的插销是否松动。

2. 前轮前束的调整

为了减少前轮轮胎的磨损，必须定期检查与调整前轮前束。调整方法：

（1）将导向轮对直向前。

（2）在通过导向轮中心同一水平高度上，测量两个导向轮之间的前端和后端距离。

（3）拧动横拉杆，使前端距离比后端距离小 4～12mm。

（4）拧紧横拉杆两端的螺母。

3. 前轮轴承间隙的调整

调整时，应将前轴承支起，使前轮轴承不受负荷，拆下轮壳盖，拔下开口销，将槽形螺母拧紧，然后退回 1/10～1/30圈，最后装好开口销和前轮轮壳盖。

六、车轮的调整及保养

1. 前轮轮距的调节

用千斤顶将拖拉机前轴支起，松开螺母，拔出螺栓，拆下油缸销轴，调整油缸位置，松开横拉杆调节螺栓，然后把导向轮支架移至所需的轮距，再把螺栓插入螺母拧紧，横拉杆调至相应的长度后，拧紧横拉杆调节螺母和插好油缸销轴，并插入开口销，锁好螺母。

2. 后轮轮距的调整方法

通过改变轮辋与辐板的不同装配将左右轮对换来调整轮距，调整时注意轮胎的旋转方向标记与拖拉机前进时车轮的旋转方向一致。

3. 轮胎的使用

（1）轮胎的气压应符合规定，导向轮气压为 0.2～0.25MPa，驱动轮气压为农田耕作时 0.11MPa，运输作业时 0.14MPa，同时保证两侧轮胎气压一致。

（2）轮胎花纹磨损不均匀时，应将左右轮胎对换使用。

（3）应保证标准的前束值，否则会引起导向轮快速磨损。

七、电器系统的检查与维护

（1）检查发电机皮带张紧度。

（2）检查电瓶接线柱是否松动、氧化。

（3）检查起动机、发电机接线是否牢靠。

（4）检查电解液液面高度。

（5）电器元件短路时首先要检查保险盒内保险丝，如有保险丝损坏，立刻从电路板上取下一块备用保险丝换上，不能用普通铜丝代替。

八、电气系统使用中的其他注意事项

（1）拧动起动开关，发动机发动后应立刻松开起动钥匙，使其自动回位；要求每次起动持续时间不得超过 5s，第二次要隔 2min 后再起动，三次不能起动时应停止起动，检查排除故障。

（2）冬天起动时，为了防止起动机超载或蓄电池过度放电，应在发动机充分预热后，踏下离合器踏板，利用预热或发动机的减压机构配合起动。

（3）经常检查电解液液面高度，一般液面应高出极板10～15mm，如电解液因蒸发而减少，应添加适量的蒸馏水。

（4）长期放置不用的蓄电池，应按月进行补充电一次。

（5）保持蓄电池表面的清洁干燥，以免自行放电。及时清除电桩和导线接头处氧化物。

（6）蓄电池的搭铁极柱应与发电机一致，均为负极搭铁。

（7）在硅整流发电机运转时，不要检查发电机是否发电，否则易损坏二极管。

（8）发动机工作时，要经常检查机油压力指示灯。

（9）作业中，有的用户起动不着车的原因一般是发电机不发电造成电瓶亏电，连续使用几天，电瓶电量就会明显不足，无法起动发动机。因此出现这种情况，首先要检查或更换发电机，并给电瓶充电。

九、液压悬挂系统的结构及调整

液压悬挂系统由提升器、分配器、油泵、油管、滤清器、悬挂杆件等几部分组成。

1. 操纵手柄与反馈杠杆的检查调整

将操纵手柄缓慢向上提，当手柄移动到最高位置时，提升臂水平夹角成53°为正常。出厂时已调好，且在提升臂和壳体上打有记号，一般不需调整。如夹角小于53°，则应调整反馈杠杆上的调节螺帽，适当增加反馈杠杆的长度。夹角不允许大于53°。

2. 油缸盖下降速度阀调整手柄的使用

通过转动调节手柄，可在2～3mm的调节行程内调整下降速度。

将手柄逆时针松到底，可以防止远距离运输农具发生沉降。

将提升臂压到最低位置后，将手柄顺时针紧到底，在接头处连接液压胶管即可实现液压输出。

3. 悬挂杆件的调整

根据实际情况，调整中央拉杆及左右两提升杆的中间螺杆的位置，以获得不同的尺寸，满足悬挂不同农具的需要。

十、拖拉机大修后该如何磨合

大修后的拖拉机在使用前要进行磨合（试运转）。因为新配或修理后的零件表面存在着加工痕迹，装配后的组件配合得不是很好。如果立即投入使用，容易使零件摩擦表面加速磨损或产生拉伤、划痕，技术状态很快变坏。通过磨合可以使接触面在磨损轻微的条件下，逐步研磨平滑，延长机械的使用寿命。同时，通过磨合，可以进一步检验修理质量，进行必要的调整和处理。磨合一般分四个步骤进行：

（1）无压缩冷磨合发动机由带变速机构的电动机带动，400～500r/min，磨合20min；800～900r/min，磨合20min；1 000～1 200r/min，磨合20min，共计1h。如果电动机没有变速机构时，可在发动机1 000r/min左右连续磨合1h，以此转速选配电动机的皮带轮。

磨合前要加好润滑油和冷却水。冷磨合用润滑油一般比正常工作时黏度小，可采用20号机油。磨合中要注意机油压力是否正常；气门摇臂轴是否上油；各种转动是否灵活。进行无压缩冷磨合应卸去喷油口。

（2）压缩冷磨合发动机在全压缩的情况下，在600～800r/min磨合20min；在1 000～1 200 r/min磨合20min，共计40min。压缩冷磨合以后要更换润滑油，并注意检查润滑油中有无金属屑、水珠和其他杂质，同时细致检查有无漏水、漏油、漏气现象。

（3）无负荷热磨合启动发动机在 700～800r/min 磨合 5min，在 1 000～1 100r/min 磨合 20min；在额定转速下磨合 5min，共计 30min。

（4）负荷热磨合负荷量指发动机在额定转速下所发出的功率，这需要在测功仪上进行。发动机以 1/4 负荷磨合 10min；以 1/2 负荷磨合 20min；以 3/4 负荷磨合 20min；以满负荷磨合 5min，共计 55min。在负荷磨合过程中要注意检查机油压力、机油温度、水温、柴油压力是否为正常值。如不正常，说明机车还存在一定的问题，需要进一步调试。如果功率不足或发生其他故障，必须返修。

磨合后，还应做好以下工作：

（1）趁热放出变速箱、后桥及最终传动箱中的齿轮油，注入柴油进行清洗，然后放出柴油，并清除油塞及磁铁上的铁屑，更换新齿轮油。

（2）趁热放出油底壳中的机油，用柴油清洗润滑系统，更换新机油。

（3）放出起动机传动机构、转向器壳体、液压油箱内的机油，用柴油清洗后换新机油。

（4）按润滑表的规定，往喷油泵、调速器及各润滑部位加注润滑油。

（5）检查调整气门间隙，紧固缸盖螺栓。

（6）用柴油清洗空气滤清器滤网，更换油盘内机油。

（7）检查调整离合器、制动器间隙，排除各部位的漏水、漏油和漏气现象，全面检查和紧固各部位螺栓。

第三章 耕整地机械的使用及维护

耕整地机械是现代农业生产必用的机械装备，是人们改变传统的劳动方式，从繁重的体力劳动中解放出来，缩短农业生产时间，提高单位亩产量和机手收入的重要载体。简单来说耕整地机械分为：耕地机械和整地机械。

第一节 耕地机械

耕地机械是用来对土壤进行松、碎、翻等加工，使土层疏松、透气蓄水，覆盖残茬、杂草和肥料，以改善土壤的物理化学性能，提高土壤肥力，消灭杂草和病虫害，为作物生长创造良好的条件。耕地机械包括各种犁、旋耕机、微耕机、深松机等。

一、犁

（一）铧式犁

铧式犁一般由工作部件和辅助部件两部分组成。工作部件主要包括主犁体、小前犁、犁刀和松土部件等；辅助部件主要包括犁架、犁轮、牵引或悬挂装置、起落及调节机构等。主犁体的作用是切割、破碎和翻转土垡和杂草，主要由犁铧、犁壁、犁侧板、犁托和犁柱等组成。

（二）液压翻转犁

液压翻转犁是与拖拉机配套使用的设备，包括悬挂架、翻转油缸、止回机构、地轮机构、犁架和犁体，通过油缸中活塞杆的伸缩带动犁架上的正反向犁体作垂直翻转运动作业。液压翻转犁具有双向翻转功能，省时省油，高效经济。

　　与铧式犁相比，液压翻转犁在田地边和地头上，空行程少，在工作过程中垡片始终偏向一边，田地表面不会留下沟壑，表面平整，利于后期的灌溉和播种。而且液压翻转犁在作业时由地一边工作到另一边，不必在田地中央开墒。

铧式犁

液压翻转犁

（三）分类

按照与拖拉机的挂结方式，犁可分为牵引型、悬挂犁和半悬挂型三种。

牵引犁与拖拉机单点挂结，犁由轮子支撑于地，结构较复杂笨重，机动性差，但工作稳定。

悬挂犁与拖拉机以两点或三点联结，运输时可全部离开地面，结构简单，重量和金属消耗量小，机组灵活，操作方便，利于小地块作业，但受机组纵向稳定性和拖拉机操作性的限制，悬挂犁的结构长度和型体数不能过多。

半悬挂犁前端与拖拉机液压悬挂机构相联，后端有液压控制的尾轮，运输状态时，尾轮承担了部分犁重，因而改善了拖拉机的纵向稳定性，兼有牵引犁和悬挂犁的优点，适用于为大马力拖拉机配套的重量大的多体型。

（四）使用注意事项

（1）犁工作时，犁上不得坐人，如因犁重量轻，入土性能不好，需加配重时，配重应紧固在犁架上。

（2）犁工作中，地头转弯时，应先将犁升起，需转移地块、过田埂时，都应慢速行驶。

（3）犁悬挂行驶时，应将上拉杆缩短，使第一铧的铲尖距离地面有 25cm 以上的距离，以防铲尖碰坏。如遇拖拉机悬挂犁长途行驶时，开降手柄应紧固好，下拉杆的限动链条应收紧，以减少悬挂机构的摆动量，保证悬挂犁的运输安全。

（4）安装液压翻转犁的时候，正确设定上连杆和下连杆的高度。返回时犁铲不垂直，正确设定两侧的垂直度（垂直于地面）、前后水平（犁架平行于地面），并调整侧偏。

（五）保养

正确进行维护保养是充分发挥犁的工作效能、保证耕地质量、延长使用寿命的重要措施之一。犁的结构简单，保养也较方便，只要认真按规定的要求执行，就能使犁保持良好的技术状态。

犁的保养主要有以下几个方面：

（1）定期清除黏附在犁体工作面和犁架上的积泥和缠草，特别是在耕翻绿肥田和稻草回田的田块时，尤需勤加清理。

（2）每班工作结束后，应检查犁体的松紧，拧紧所有松动的螺母。

（3）定期检查犁铲、犁壁和犁侧板的磨损情况，超过规定时应进行修理或更换。

（4）每阶段工作完毕，应对犁进行全面的技术状态检查，磨损严重或变形的零部件，应加以修理或更换。

（5）长期停放不用时，应将整台犁清洗干净，并在犁体工作面和调节丝杆等外露部分涂以防锈油，停放在地势较高且无积水的地方并覆盖防雨物。有条件时，应将犁存放在机库内。

二、微耕机

多功能微型耕耘机是设施农业的一种主要作业机械，在设施农业生产的过程中，田园管理是一项农艺要求较为复杂的环节，劳动强度大，占用时间长。多功能微型耕耘机最大的特点是在动力机上配置相应的农具，不但能犁耕、旋耕、耙田、整地，还能播种、施肥、中耕、除草、培土、覆膜、喷药和短途运输等，基本能满足温室大棚各项作业的需要，也可作为固定作业的动力，用于抽水、脱粒、磨粉、粉碎饲料等作业。

微耕机

我国生产的多功能微型耕耘机品牌很多，配套动力大多在 2.2 ~ 5.9kW，其中以 4.4kW 较多。按照国家标准 JB/T 10266.1—2001《微型耕耘机技术条件》的要求，凡功率不大于 7.5kW，可以直接用驱动轮轴驱动旋转工作部件（如旋耕），主要用于水旱田整地、田园管理及设施农业等耕耘作业为主的机器，可称之为耕耘机，或微型耕耘机、微耕机、管理机等。

（一）微耕机的工作原理

微耕机主要由发动机、传动箱、机架、扶手和农具组成。发动机通过三角带或传动轴将动力传给传动箱，传动箱通过驱动轮轴的旋转驱动旋耕刀具旋耕，同时利用旋耕刀具的旋耕过程实现行走。能够完成小规模的耕整地、栽植、开沟、起垄、中耕锄草、施肥培土和喷药等多项作业，能满足现阶段农村小规模经营机械化作业的要求。

（二）微耕机的操作和使用方法

1. 检查、加油

微耕机在使用前务必要仔细阅读说明书，要对说明书中强调的安全使用注意事项、警示及安全操作规范了解清楚。

2. 操作（磨合）

新的微耕机，应先在无负荷或避免在作业的条件下磨合，并严格按说明书中规定的要求调整。

3. 旋耕作业操作及安全规程

①旋耕时，土质较硬、留茬及杂草较多，用1挡或2挡工作；土质较松软，用较高挡工作。②耕深调整是用调速杆控制。松开杆座上的紧固螺栓，将杆上、下移动，可在较大的范围内调节杆的位置高低。③旋耕作业时应注意耕作方向，尽可能在田块中只留一条垄或沟。尽量避免旋耕长时间超负荷工作，以防变形。④作业中发现旋耕器上缠草，需停机清除后再继续工作，以免影响耕作质量和加大机具负荷。⑤旋耕作业中遇到暂时阻力增加，使驱动轮打滑严重时，可稍微抬高工作部件使之通过。如果打滑不太严重时，可加大油门通过。如加大油门无效时，再换低挡工作。⑥严禁用倒挡作业。田间地头转弯时，应将机具略微提升，以减少转弯阻力，避免损坏工作部件。⑦作业中微耕机后面和上面禁止站人。

（三）微耕机的维护保养及存放

微耕机在工作期间，由于运转、摩擦，不可避免地会产生紧固螺栓的松动、零部件的磨损现象，这种系统的正常状态被破坏，会造成配合间隙不正常，动力下降油耗增加，故障增多，影响微耕机的正常作业。为尽量避免上述情况产生，必须严格做好维护保养，使其保持良好的技术状态，延长使用寿命。

（四）微耕机选用要求

（1）看底盘传动。目前市场上微耕机底盘有两种传动方式，一种是全轴、全齿轮传动，另一种是皮带传动。全轴、全齿轮的微耕机比较适合土壤比阻大、田块板结的地区耕作。

（2）看配套动力。柴油机比汽油机转速要低，耐力、耐高温性能强。风冷柴油机比水冷柴油机要轻，润滑、冷却、耐热、可靠性要低。

（3）看功能。微耕机从设计上主要考虑田间耕作，还附带其他功能，如：开沟、铺膜、起垄等，用户可以根据效果和需要进行选择。

（4）看售后服务。多进行咨询和调查，了解同类产品的售后服务情况，选择售后服务及时、配件供应及时、信誉度好的生产和经销企业提供的微耕机。

（5）看自身的经济条件。市场上不同生产厂家生产的微耕机销售价格相差千元甚至两三千元。动力为直喷式柴油发动机的要贵些，可靠性要高些，后期零配件要贵些。

（6）看使用时间。购买微耕机不对外服务，只是耕作自己田块，每年使用时间短，可以选择耐高温差一些、经济一些、转移方便一些的微耕机。购买微耕机对外服务，选择时须注意微耕机使用的可靠性要高，耐高温性能要强。

（7）看地理条件。建议山区、丘陵地区农民朋友选择配套动力为风冷柴油机的微耕机，其体积小、重量轻，转移方便。若配套进行运输，建议选择有差速器的微耕机。

（8）看自身的技术能力。微耕机操作技术简单，主要考虑修理、调整技术等问题。

三、深松机

深松机主要用于打破土壤犁底层，增强土壤蓄水保墒能力和作物扎根能力，从而为作物创造良好的生长环境。深松的主要特点是不打乱土壤自下而上的良好的肥力梯度，使土壤三相比例保持协调。深松机具主要有凿铲式深松机和全方位深松机两类，全方位深松机是旱作农业区使用较为广泛的一种机具。

（一）凿铲式深松机

凿铲式深松机，由深松主铲及安装在主铲上的翼铲组成，深松工作幅宽可调，其结构特点：一是主铲立柱上有多个调节孔，以调整翼铲的安装高度。二是翼铲安装时与前进方向成入土角。三是深松铲安装在前后两根梁上，可减少堵塞并提高深松机的通过性能。四是针对深松后地表不平设计了一种碎土合缝镇压轮，使深松后地表平整。

凿铲式深松机

（二）全方位深松机

全方位深松机采用梯形框架式工作部件对土壤进行高效率的深松，可在松土层底部形成两条鼠道，一次即可完成连片深松，减少了拖拉机的往返次数。用于旱作土地打破犁底层、加深耕作层、提高蓄水保墒能力；灌溉地减少浇水次数；盐碱地、低洼泽地则具有排水洗碱作用。该机主要适用地区为北方旱作区。

全方位深松机

（三）使用深松机的注意事项

1. 深松机作业前的检查

深松机是通过悬挂构件与大马力拖拉机连接，通过拖拉机牵引，无须动力传输而实现深松作业的。作业前的检查主要包括以下几项：①检查深松机各部件是否完好无损，深松机挂接是否牢靠，深松铲磨损情况，确保正常后再作业。②检查各连接部件的螺栓是否坚固、深松机与拖拉机悬挂机构连接各螺栓坚固情况，发现松懈，及时紧固调整。③深松机自带辅助轮（有的机型不带）转动是否灵活。④拖拉机升降机构是否正常，查看升降是否困难或出现卡死故障，必要时进行维修调整。⑤深松机左右水平的调整：将深松机与拖拉机挂接后，停放在水平地面上，降下拖拉机升降机构，看左右深松凿型铲是否同时着地，通过调整左右两个拉杆长度来调整左右水平，保证左右铲入土深度一致。方法是旋转拖拉机吊杆上的手柄，伸长或缩短吊杆的长度，使悬挂架横梁与地面平行；横梁距地面的高度依具体的耕深确定，耕深越大，横梁越低；然后调整深松机大架的水平，调整深松机悬挂头架上两端（也有的在其他部位）的调整螺栓，使左右两螺栓凸出横梁的高度一致，其凸出高度值依具体的耕深而定，耕深越大，凸出越多。通过以上调节，深松机左右水平基本上已得到保证。⑥深松机前后水平的调整完成后：深松机左右水平调整完成后，就是在试耕中对深松机大架进行纵向水平调整。一般松土深度在 25～35cm 时，通过调整中间拉杆长度来调整前后水平，保证前后铲入土深度一致。⑦检查深松机行距是否达到要求，可以通过调整深松凿型铲臂固定位置来完成。⑧打开深松机检测设备，检查线路是否良好，传输是否及时、畅通，否则应及时进行维修和调整。

2. 作业前先进行试作业

（1）严格按照当地规定确定好深松深度，先进行试深松作业，作业一定距离后检查是否达到规定深度，同时检查作业质量，达到要求后锁定悬挂系统深度调节杆，再进行大面积深松作业；未达到要求时，调整拖拉机上拉杆长度，观察深松机的大架（或斜梁）是否水平，若前高后低，造成深松机的大架体入土困难或耕得过浅，应缩短上拉杆。反之，应伸长上拉杆。使支撑轮臂达到作业深度、前后水平，保证土地深松后表土平整、无明显沟埂和较大土块。

（2）查看深松机检测设备传输是否及时畅通，发现问题要及时调整解决。

3. 深松机作业过程中的注意事项

①根据拖拉机的负荷情况选择合适的作业挡位以提高作业效率。②及时清理铲体上附着的黏土及缠绕的杂草，清理时必须将拖拉机熄火和深松铲提升至地面后方可进行。③深松机入土与出土时应缓慢进行，不可强行作业，否则会加剧深松机的磨损。④作业时必须将深松铲提升起后，方可进行转弯调头和

倒退。⑤作业时地块内不得有闲杂人员,机具上严禁坐人。
⑥及时查看深松机检测设备传输情况和作业质量,出现作业深
度不达标、耕深不一致、漏耕重耕严重、地表不平整、土壤未
细碎等问题时及时调整。雨天作业时要遮盖感应设备,以防其
因长时间的户外作业而出现渗水漏电、短路现象,从而损坏检
测设备。在作业过程中,若出现信号传输问题和电子设备问
题,不可自行拆卸,以免造成人为损坏,要立即停机,及时联
系深松机检测设备专业技术人员进行维修,待问题解决后,再
行作业。

(四) 深松机的保养

1. "三班保养"

深松机要随拖拉机进行"三班保养"(早、中、晚),及
时检查深松机挂接是否牢靠,深松机上各螺栓坚固情况,深松
铲磨损情况,必要时进行更换维修。每班作业后要清除机械上
的泥土和杂草,紧固各部件螺丝,向各转动部位加注润滑油。
每季作业结束后在各工作部件表面涂上废机油或黄油以防锈
蚀,并更换已磨损和损坏的部件。保养后将机械存放在库棚内
或用雨布盖好,以防日晒雨淋。

2. 深松机检测设备的保养

每班作业后要及时关掉开关,清除感应设备上的泥土和杂
物,紧固显示设备和感应设备上的紧固螺丝。检查开关是否关
停自如,电路接线是否牢靠。电线是否磨损和短路,出现磨损
和短路后要及时更换。

第二节 整地机械

耕地后土垡间有很大空隙,土块较大,地面不平,所以还
必须进一步进行整地。整地机械主要作用是松碎土壤、平整地

表、压实表土，为播种、插秧及作物生长创造良好的土壤条件。整地机械包括各种耙、联合整地机等。

一、圆盘耙

圆盘耙主要用于犁耕后的碎土和平地，也可用于搅土、除草、混肥，收获后的浅耕、灭茬，播种前的松土，飞机撒播后的盖种，有时为了抢农时、保墒也可以耙代耕。

圆盘耙作业时其回转平面（刃口平面）垂直于地面，并与机器前进方向形成一定的偏角。耙片滚动前进时，在重力和土壤阻力的作用下切入土中，耙片刃口切碎土块、草根及作物残茬，并达到一定的耙深。在移动中，由于耙片的刃口和曲面的综合作用，进行推土、铲草、碎土、翻土和覆盖。

圆盘耙

（一）圆盘耙的调节

1. 耙地深度的调整

耙深可根据耙组偏角的大小，改变悬挂点的高低位置，调整配重或靠液压升降操纵手柄位置的不同调节。

调整方法为：停车后将齿板前移到某一缺口位置固定，再向前开动拖拉机，牵引器与滑板均向前移动，直到滑板末端上弯部分碰到齿板为止。前后耙组相对于机架做相应的摆动，此时偏角加大，耙深增加。如果调浅耙深，则提升齿板，倒退拖拉机，滑板后移，固定齿轮于相应的缺口中，偏角则变小，把深变浅。如果以上调整耙深的方法仍没有达到预定的深度，则采用加配重量的方法解决。

2. 圆盘耙的横向水平和纵向水平调整

横向水平调整：牵引耙一般用吊杆上的调节孔来进行水平调整，以保持耙组耙深一致。悬挂耙是依靠调整拖拉机上的右提升杆和上拉杆的长度来保持耙组的左右和前后水平的。

纵向水平调整：如果挂钩挂得过高或过低，会造成前后列耙深不一致，可改变牵引钩在牵引器上的不同孔位来进行调整。牵引钩下移，前列耙组耙深减小；反之前列耙组耙深增加。

3. 耙的运输间隙

耙的运输间隙为悬挂、半悬挂耙不小于 200m，牵引耙不小于 150m，18kW 以下拖拉机配套圆盘耙的运输间隙不受此限。

4. 刮泥板的工作边与耙片凹面的间隙

刮泥板的工作边与耙片凹面的间隙应符合：耙片直径 < 550mm 时，间隙为 1 ~ 7mm；耙片直径 ≥ 550m 时，间隙为 1 ~ 10mm。

（二）圆盘耙的使用

（1）使用前要检查各紧固螺栓和螺母有无松动，特别是方轴螺母必须拧紧。

（2）耙片刃口厚度应小于 0.5m，刃口缺损长度应小于 15mm，一个耙片上的缺损不应超过三处，方轴应平直无缺损。

（3）方轴端头螺母要拧紧、锁牢，耙片不可有任何晃动，否则耙片内孔会把方轴啃圆。

（4）在作业中，严禁对耙进行修理、检查和调整。拖拉机带耙作业中不得转急弯，牵引耙不可倒车，带悬挂耙转弯、倒车时须把耙升起后才可进行。

（5）作业时，应根据土质、地块大小、形状及农业技术要求等情况，选择适当的耙地方法。回形耙地法，适用于以耙代耕或浅耕灭茬；交叉耙地法，适合于大田耕后耙地。

（三）圆盘耙的维护保养

1. 班保养

（1）每班工作后，清理耙片、刮板和限深轮等上面的积泥和缠草等杂物。

（2）检查所有紧固螺栓的紧固状态，松动的要拧紧。

（3）对耙组轴承、限深轮、运输轮及调整丝杆等需要润滑处，每班要注润滑脂或润滑油 1~2 次；各转动部位加注润滑油或黄油保证其运转灵活。

（4）检查刮泥刀与耙片间原，观察是否有摩擦现象。

2. 季度保养

（1）季度作业完成后，应对各部分检查保养。检查耙片的磨损、损坏情况，超过规定应及时修理或更换。

（2）对各润滑部位，做全面的润滑，外露的丝杆、悬挂销上涂防锈油。

（3）应将整台耙清洗干净。耙片表面应涂上防锈油。更换轴承内的黄油，对各润滑部件加注润滑油，耙片上涂机油，以防锈蚀。

3. 长期停放保养

（1）圆盘耙长期停放时，应用木板将耙组垫起。液压或气动接头应涂上防锈油，用塑料纸包，防止磕碰损伤，停放在地势高的地方，并覆盖苫布以防雨淋。

（2）注润滑脂的位置：耙组轴承、限深轮、运输轮等处为圆盘耙的润滑点。注润滑油的位置：耙组调节机构等。

二、联合整地机

联合整地机是与大中型拖拉机配套的复式作业机械，一次可完成灭茬、旋耕、深松、起垄、镇压等多项作业，具有作业效率高的特点。联合整地机按结构大体可以分为旋耕式与圆盘耙式两大类，以旋耕式为例，该机主要包括了牵引结构、深松结构、灭茬结构、旋耕结构以及变速箱、传动箱等附属结构。

联合整地机

（一）联合整地机的正确使用

要使联合整地机发挥应有的工作效率，对其进行正确的使用尤为重要，联合整地机的驾驶人员必须在驾驶机械之前接受规范的技术及安全培训，完整地掌握联合整地机的结构原理、操作规范、调整方式以及维修保养常识，并获得农机监理部门授予的驾驶资格。

1. 联合整地机的安装与调整

在安装前将拖拉机与联合整地机放置于空旷适于安装的场合，驾驶拖拉机将整地机的安装位置与拖拉机连接处对正后，缓慢倒车,直到能将左右两侧的悬挂销可靠安装并插入开口销。整地机连接完成后,可将机具升起,查看机具提升过程中是否存在偏心或较大摆动,若发现偏心或摆动,可通过左右两侧的调整结构尝试调整直到机具良好对中为止。检查旋耕刀轴的作业位置,测量其是否位于要求位置,若需要调整,可通过中央拉杆的旋转对其上升或下降进行调节,检查并调整机具可提升的最大高度,以免坑洼或土包对整地机造成损坏。

2. 联合整地机的操作

联合整地机在正式开始整地作业前,需进行试整地作业,对于不合理结构进行适当调整,保证联合整地机达到最佳的使用效果。联合整地机在启动时,应将机具提起,刀具的旋转外径距地面15cm左右,连接动力使刀具空转几分钟,然后控制拖拉机开始缓慢行进,并将刀具缓慢下降至耕作深度后提升至作业要求速度,时刻检查耕作质量,检查碎土、地表情况是否达到农艺要求,通常情况下联合整地机的行驶速度根据土壤情况设定在2~7km/h,若土质较为坚硬,应注意减速慢行。

(二) 联合整地机日常维护

1. 日常保养

每次进地工作前应认真检查关键工作部位的螺栓紧固情况,由于联合整地机结构较复杂,紧固件较多,可通过观察记录螺栓易松动位置,以便随时检查螺栓的松动情况,其他位置的螺栓做定期检查,并检查开口销、锁片等是否存在丢失情况。对于润滑油和机油应根据作业频率安排检查和更换,一般情况下每3个班次需检查并添加机油一次。定期清除机器上的泥土,工作期结束后彻底打扫干净整地机才能进行长期储存,以免锈蚀导致关键传动部位故障。

2. 常见故障维修

（1）当整地过程中旋耕刀遇到石块或土壤阻力过大时，可能造成旋耕刀座损坏或旋耕刀片弯曲折断，此时应当将弯曲或折断的刀片拆下，对受损松动的刀座应当重新焊接，焊接刀座时应当注意刀座的方向和排列顺序，保证焊接质量。

（2）齿轮箱内齿轮油不足可能导致轴承过早损坏，损坏了的轴承会严重影响传动轴、动力输出轴及齿轮系统的工作状态，长期使用易出现严重的机械损坏。对于损坏的轴承应按照型号更换质量可靠的同型号轴承，并调整好锥齿轮的配合间隙。对于齿轮箱的润滑油要及时添加，以防轴承的再次损坏。

（3）轴承出现故障或杂物过多缠绕可能导致灭茬刀或旋耕刀转动不灵活，刀轴的转动不灵活对刀片寿命和整地质量都有严重影响，当出现转动不灵活现象时应当及时停车，清除缠绕的杂草，并对刀轴的支撑和传动结构做细致的调整，保证其运转灵活。

第四章 种植施肥机械使用及维护

第一节 种植机械

种植机械是按一定的农艺要求将作物（包括树木，花卉）种子、种块、种苗等种植物料播种或栽植在土壤中的农业机械。种植机械的农艺要求是：单位时间内排出种植物料的数量稳定；在单位面积、单位长度或每穴内种植物料的分布均匀；种植物料在田间或地块上配置的株距、行距、穴距和种植深度基本一致；种植过程中种植物料的损伤少，成活率高。主要包括各类播种机、水稻插秧机、秧苗移栽机等。

一、小麦（玉米）免耕播种机

（一）结构及其原理

这类免耕播种机结构基本由机架、排种机构、排肥机构、传动系统、开沟镇压装置、播量和肥量调节机构等组成。

小麦免耕播种机

机架：这类免耕播种机一般采用封闭式框架，各梁均采用成型的方钢管。机架的作用是连接该机所有工作部件。前梁上焊有悬挂臂与拖拉机连接使用。

种肥箱：一般由左右壁板、前后壁板、种箱底板、肥箱底板、中间隔板、种肥箱盖等组合而成。种箱底板上安装有排种器组合，肥箱底板上安装有排肥器组合，左右壁板上安装有排种、排肥轴座和链轮。排种器组合是由排种盒、多齿排种轮、少齿排种轮、毛刷、排种舌、排种轴和卡箍等组成。排肥器组合是由排肥盒、排肥轮、阻塞套、排肥轴、清肥刷和卡箍等组成。

开沟镇压装置：包括开沟器和镇压轮两部分。开沟器为窄型箭铲式，主要由铲柄、铲尖、导肥管、底托、导种管等组成。开沟器用固结器、U型卡和压板固定在前后横梁上（前三列、后四列），每个开沟器在横梁上能单独左右、上下调整。导肥管直接焊合在铲柄上，底托与导种管通过调节板用螺栓与导肥管连接，这样可以调节肥与种的远近、深浅相对距离。

传动系统：排种器和排肥器均通过地轮驱动。地轮转动时，地轮轴上的主动链轮也转动，通过链条带动排肥轴转动，再由排肥轴带动排种轴转动。链条的松紧度由张紧轮调整。

（二）性能用途及特点

免耕播种机根据播种幅宽大小，选择与 25~65 马力（注：1 马力 = 735.5W，全书同）拖拉机相配套，种植行距为 17~20cm，种深和肥深均可调，种肥水平间距和垂直间距均为可调式。其突出特点：一是采用外槽轮式排种排肥机构。只要改变排种舌的位置，就可进行小麦、玉米等作物的播种，同时能稳定、可靠、均匀地排施各种颗粒肥料。二是采用超越离合器，双地轮驱动，排种排肥可靠。三是这类免耕播种机适用于未耕地和已耕地作业，可一次完成破茬、开沟、施肥播种、覆土和镇压等工序。四是采用窄形箭铲式开沟器，入土性能好，加上机架离地间隙大，所以在地面秸秆覆盖多的情况下，机具作业通过性好。

（三）播种机的调整

播种机出厂时一般已安装成整机，但用户在使用前还必须根据农艺要求对下列几方面进行调整。

行距调整：根据农艺要求，播种机设计行距为20cm，但用户对行距有新要求，或各行距不一致时可松开 U 型卡螺母，按要求进行调整，调整好后，再把螺母锁紧。

播深调整：首先要确定播种深度和种肥间距，然后松开沟器铲柄固结器顶丝，上下移动开沟器铲柄，达到要求后，拧紧顶丝。种肥间隔距离通过排肥管之间的连接板进行调整。

排种部分调整：这类播种机的排种盒内一般有两个排种轮，一个是种小麦等谷物用的多齿排种轮，靠排种舌进行播籽；一个是少齿排种轮，靠毛刷进行播籽；种小麦等谷物种子时，多齿排种轮转动，少齿排种轮不转动。种玉米时少齿排种轮转动，多齿排种轮不转动。排种轮转动是靠凸轮的卡箍来拨动的。不转动的排种轮用卡簧把排种轮齿圈固定，用不带凸轮的卡箍限制轴向移动。种量大小靠排种轮工作长度决定。排种轮工作长度调整靠种箱右臂的镀锌调节螺母进行，其上的刻度表示调节螺母转动圈数和排种轮工作长度变化对应关系。亩播量的确定要经过试验计算，计算公式为：设每 1 亩* 地，地轮转动的圈数为 n 圈，则 n = 667m² ÷（地轮周长×播幅）×滑移率。其具体办法：先将播种机架起，机架处于水平位置，将 7 个（多个）排种轮工作长度调成一致，在种箱内加上适量的种子（不少于种箱容积的1/2），按照播种机行进方向转动地

---

　*　1 亩≈667m²，15 亩 = 1hm²，全书同

轮 n/10 圈，将 7 个排种器排出的种子接到一块，称其重量，重复 3 次，求平均数，然后乘以 10，即为亩播量。这样的计算如果与要求不符，则须重新调整刻度，重复试验与计算，直到符合要求为止。这样计算，比较麻烦，但数值相对准确。一般播种机生产厂家为了方便用户，在出厂时，给出了特定行距的播量与排种轮工作长度之间的对应关系参考数值表，用户在使用前应先验证，后再参考执行。

排肥部分调整：排肥量的大小取决于排肥轮的工作长度，而排肥轮工作长度靠肥量调节指示盘上的调节手柄进行。施肥亩播量的测定方法与排种亩播量相同。

机具悬挂后的调整：播种机与主机（拖拉机）挂结后，操纵拖拉机液压系统，使机具悬起，看机具是否与地面平行，如不平行，调整下拉杆的垂直吊杆，使其平行。用手左右摇动机具看是否左右摆动。如摆动，调整下拉杆拉链。机具下地后，看机架是否水平。如不水平，调整中央拉杆，使其保持水平。

（四）播种注意事项

种子必须清洁，不许有杂物，以免堵塞排种器造成播量减少或漏播。肥料无结块，使用前应过筛。作业时，机手应精力集中，要求播得直，邻接行距一致。播种过程中尽量不要停车，以免猛一停车掉一堆种子，再起步时，又易漏播，造成落粒不均匀。停车起步前应在各开沟器 0.5m 范围内撒一些种子，或提起播种机倒退 0.5m 重新进行作业。播种机播种时不能倒退和转弯，必须把开沟器升起后才能倒退和转弯。播种过程中发现漏播，应立即在漏播处插上标记，便于补种。

（五）常见故障排除

地轮滑移率大故障原因：播种机前后不平；传动机构阻卡；液压操纵手柄处于中立位置。根据上述原因分别采取调整拖拉机上拉杆长度；排除故障，消除阻力；应处于浮动位置。

不排种故障原因：种子架空；传动失灵；刮种器位置不对；气吸管脱落或堵塞。根据上述原因分别采取排除架空现象；检查传动机构，恢复正常；调整刮种器至适宜位置；安好气吸管，排除堵塞。

开沟器堵塞故障原因：农具降落过猛或未升起倒车；土壤太湿。根据上述原因分别采取升起农具停车清理堵塞现象，应在行进中降落农具；发现堵塞，停车清理。

漏种故障原因：输种管堵塞脱落；输种管损坏；土壤湿黏，开沟器堵塞；种子不干净，堵塞排种器。根据上述原因应分别采取经常检查予以排除；在合适条件下播种；将种子清选干净。

播深不一致故障原因：播种机机架前后不水平；各开沟机安装位置不一致；播种机机架变形、有扭曲现象。根据上述原因分别调整各连接部件，使其达到使用要求。

行距不一致故障原因：开沟器配置不正确；开沟器固定螺钉松动。根据上述原因分别采取正确配置开沟器，重新紧固。

播量不一致故障原因：地面不平，土块太多；排种轮工作长度不一致；播种舌开度不一致；播量调节手柄固定螺钉松动；种子内含有杂质；排种盘吸孔堵塞；作业速度太快；排种盘孔型不一致。根据上述原因分别采取提高耕地质量；进行播种量试验，正确调整排种轮工作长度和排种舌开度；重新固定在合适位置；将种子清选干净；排除故障；调整合适的作业速度；选择相同排种盘孔型。

播种过浅故障原因：土壤过硬；牵引钩挂接位置偏低。根据上述原因分别采取提高整地质量，向上调节挂接点位置。

邻接行距不正确故障原因：划印器臂长度不对；机组行走不直。根据上述原因分别校正划印器臂的长度，严格走直。

（六）维护与保养

正确地进行维护、保养，可使本机正常工作，延长使用寿命。

班保养（工作10h）：检查拧紧各部螺栓、螺母、固定销等零件；除掉机器表面泥土，给所有的黄油嘴加注黄油。

季后保养（一季作业完后）：机器作业完毕存放时，应彻底清除种箱和肥箱内种子、化肥以及各部件上的泥土和油污，用清水洗净肥箱和排肥器，开沟器表面涂油防锈；给各黄油嘴打足黄油，更换覆土圆盘轴承黄油；机具要求停放在农具棚内。

二、马铃薯种植机

马铃薯种植机主要由机架、驱动地轮、传动机构、种子箱、排种机构、限深轮、开沟器、圆盘式覆土器组成。排种机构由排种碗、振动器和排种通道组成。工作时，驱动轮通过链条传动，由排种碗将种子从种子箱中升起。经过振动器时，排种碗中基本保留一个种块，多余的种块振动脱落，返回到种子箱中。排种碗中的种块则落入排种通道。通过排种通道送入开沟器开出的种沟内，圆盘覆土器进行覆土、起垄（平作播种

马铃薯种植机

模式不起垄，但需增加镇压装置），完成播种作业。

（一）使用注意事项

（1）挂接好机具、装满种块后，应根据土质和墒情调整播种深度。一般来说，在土质疏松和干旱的地块，可播种的深一些，以12~15cm为宜，不容易受高温和干旱影响，在土质黏重和涝洼的地块，可以适当浅播，以8~10cm为宜，不容易造成烂种，延长出苗期。播种深度通过改变地轮位置调整。下移地轮，可加大播种深度；上移地轮，则减小播种深度。

（2）正式播种时，拖拉机进入作业位置后，应及时落下播种机，应缓慢、平稳起步。开始的第一个行程一定要走正走直。第二个行程以后，为了防止错行和漏播，拖拉机的轮胎应紧靠第一个行程。

（3）播种作业中，拖拉机应以2挡匀速前进，平均速度以每小时6~9km为宜。播种途中尽量避免停车。严禁在作业中倒退和拐弯。机组行驶到地头，或遇到障碍物后，应及时升起播种机，不可在未升起前转弯及调头，防止损坏悬挂牵引机构。跟随机组工作的人员，应随时观察播种机的种子箱，种块应经常保持在箱容积的1/3以上。发现短缺，应及时添加，防止缺种漏播。添加薯种时，驾驶员应抓紧时间查看播种机的易松动部件。如有改变或松动，应及时拧紧部件紧固螺钉，及时清除开沟器和覆土圆盘上的积土，保证播种质量。

（二）机具调整

（1）播量调整：一是穴距计算。穴距（m）＝行走轮周长（m）×转数/落下种子的穴数。二是排肥量计算。每个排动器应排肥（kg）＝亩播肥量（kg）×行距（m）×机具行走轮的周长（m）/667（m²）。三是机具行走转数计算。行走轮亩转数＝667（m²）/机具行走轮周长（m）×幅宽（m）。

（2）垄高和行距调整：农机操作手首先把机具调整到与地面呈水平位置，根据土壤干湿程度和疏松状况，空行程一段距离，检查垄高、行距，逐步调整达到规定要求。

（三）维护保养

（1）每工作3个班次（每班次8小时），清理各部件的泥土和杂物，加注1次润滑油并检查各部位是否正常，发现异常及时修理。

（2）长期不使用时，应把机具存放在通风、干燥的室内，清理干净，妥善保管。

三、水稻插秧机

水稻插秧机是将水稻秧苗定植在水田中的种植机械。功能是提高插秧的工效和栽插质量，实现合理密植，有利于后续作业的机械化。水稻插秧机主要由发动机、传动系统、行走系统、液压仿型及插深控制系统、插秧系统等组成。目前市场上主要机型：手扶（步进）式水稻插秧机、乘坐式水稻插秧机。

手扶（步进）式水稻插秧机

乘坐式水稻插秧机

（一）水稻插秧机的工作原理

目前，国内外较为成熟并普遍使用的插秧机，其工作原理大体相同。发动机分别将动力传递给插秧机构和送秧机构，在两大机构的相互配合下，插秧机构的秧针插入秧块抓取秧苗并将其取出下移，当移到设定的插秧深度时，由插秧机构中的插植又将秧苗从秧针上压下，完成一个插秧过程。同时，通过浮板和液压系统，控制行走轮与机体的相对位置和浮板与秧针的相对位置，使得插秧深度基本一致。

（二）使用注意事项

（1）插秧作业前，机手须对插秧机进行一次全面检查调试，各运行部件应转运灵活，无碰撞、卡滞现象。转运部件要加注润滑油，以确保插秧机正常工作。

（2）插秧机到达作业地点进入秧田前，首先拆下尾轮，用慢挡行驶入地。

（3）下田前要根据农艺要求和地块情况考虑好插秧行走

路线和转移地块进出时的路线。尽量减少人工补苗面积。

（4）铺放秧苗前须将空秧箱移动到导轨的一端再装秧苗，防止漏插。秧块要紧帖秧箱不拱起，两片秧块接头处要对齐，不留间隙，必要时秧块与秧箱间要洒水润滑，使秧块下行顺畅。

（5）插秧机插秧时靠田边留出一幅插秧机作业宽度。插到两端地头时，两端地头各留下一幅插秧机作业宽度。插秧机在作业时行驶要直，靠行间隔一致，不压苗。尤其是第一次比较重要，然后按边界行靠行行驶。

（6）插秧机工作时，严禁用手触碰分插机构，以免被分离针刺伤。

（7）当路面不好和机具转弯时，严禁高速行驶，防止损坏机具和翻车。

（8）插秧作业时，不得让大石块或异物卡入水田叶轮叶片之间，防止被箱体卡住损坏行走传动箱。

（9）工作时，严禁触碰各旋转件，如皮带轮、三角带、万向节，以免发生事故。

（10）插秧作业到最后时要观察，若再插则所剩地秧田不足幅插秧作业宽度时，应通知装秧手，预先取出靠边一个或几个秧箱内的秧苗，使插秧机相应少插一行或几行。最好留下一幅插秧机作业宽度，以便最后收边时插秧机作业。

（三）应对使用

在水稻插秧机的作业过程中，应对不同作业质量问题查找原因并采取相应措施（详见表4-1）。

表4-1　作业质量下降原因和改善措施

现象	产生原因	改善措施
立秧差	插深调节不当 表土过硬	调节插深 改善整地质量

（续表）

现象	产生原因	改善措施
分离针与推秧器间带秧	苗床缺少水分 推秧器变形或工作不正常 本田过分细软 推秧器与分离针间隙过大 本田缺水	苗床适量浇水 维修或更换推秧器 提高整地质量 校正或更换分离针 本田灌水
每穴株数偏多	苗床水分过多 秧苗播种量过大 取秧量调整不当	适当控干苗床水分 减少秧苗播种量 调整取秧量
漏穴	秧苗密度不匀 秧苗骑秧门 秧门口有泥球、稻根等异物 秧片规格过宽	改善秧苗密度 重装秧苗，调整压秧杆 清除秧门口异物 秧苗装入硬盘左右晃动
均匀度差	秧苗密度不匀 送秧齿轮缠根较多 各分离针取秧量不一致	改善秧苗密度 清理送秧齿轮 调整取秧量一致
每格秧箱秧苗用量不等	苗床缺少水分 各分离针取秧量不一致	苗床适量浇水 调整取秧量一致
秧片拱起	苗床水分过多 苗床土厚度不当 送秧齿轮缠根太多	适当控干苗床水分 改善床土厚度 清理送秧齿轮
插深不齐	本田不平 几组链轮箱安装不齐 挂链拉得太紧，船头翘起	提高整地质量 重新安装，提高质量 放松挂链，船头贴地
穴孔紊乱	本田土质较差；沉淀时间不够	改善土质，延长沉淀时间
壅泥	秧船头部进入本田	适当吊起船头

（四）维护保养

插秧机工作条件恶劣，并且受农事季节限制，一年当中，工作时间短，停放时间长。所以必须从以下几个方面加强维护保养。

（1）更换。就是更换发动机、插秧箱、齿轮、驱动、插植臂、齿轮箱中的机油和齿轮油。按插秧机使用说明书规定的要求，发动机一般工作一季或 50h 后应更换机油；插秧机齿轮箱一般工作两季或 100h 后，应更换机油；插秧机齿轮箱一般工作三季或 150h 后应更换齿轮油。

（2）清洗。每班作业结束后，应清除插秧机各个部位上的污泥杂物，同时还要仔细清洗发动机的化油器和沉淀杯、空气滤清器（按照说明书及时更换滤芯）。

（3）检查，就是检查发动机，插秧机工作机构、行走和操纵机构。检查发动机的主要内容是：燃油量、机油量、各个紧固部位的连接情况等；检查插秧机工作机构的主要内容是：送秧机构、曲柄、摆杆、秧爪、插植叉等的磨损、变形、润滑情况及间隙大小；检查行走和操纵机构的主要内容是：离合器、驱动轮、转向离合器工作状况是否正常、皮带的松紧度、驱动链轮箱油量、各种操纵拉线等。

（4）调整。插秧机在工作一段时间以后，有可能造成机构部件产生一定的松动，此时就要根据发动机、插秧工作机构、行走机构和操纵机构实际情况进行必要的调整。①发动机调整主要内容是：火花塞间隙的调整、油器怠速的调整、气门间隙的调整等；②插秧机工作机构的调整主要内容是：株距、株数、插植深度、秧针与插植叉间隙等；③行走和操纵机构的调整主要内容是：拉线的调整，包括插植离合手柄拉线、安全拉线液压升降手柄拉线、转向离合器拉线等间隙以及灵敏度调整，如果间隙过大或不灵敏，应对调节螺母进行调整。同时在这些拉线孔内滴上几滴机油，以减少拉线的摩擦增加灵敏度。

（5）保养。主要包括：①外部保养。机插作业后，外部零件要及时冲洗干净，车轮等转动部件如有杂物应加以清除，各注油处要充分注油，损坏零部件要及时更换。②发动机保养：完全放出燃油箱及汽化器内的汽油，保持空气滤清器通畅，曲轴箱要及时更换清洁的齿轮油；缓慢拉动反冲式起动器，并在有压缩感觉时停下来。③液压部分保养。检查液压皮带的磨损程度，磨损严重的皮带要更换；液压油要充足、清洁，液压部分活动件要灵活，在各注油处注满油。④插植部分保养。插植传动箱、插植臂、侧边链条箱要按规定加注黄油或机油；确保插植臂，送秧星轮能正常运转；确保主离合器手柄和插植离合器手柄为"断开"、液压手柄为"下降"、燃油旋塞为"OFF"状态下保管。⑤行驶部分保养。要使变速杆调节可靠，行走轮运转正常。插秧机全部保养结束后应罩上遮布，放在灰尘小、潮气少、无雨水、无直射阳光的场所，防止与农药肥料等腐蚀性物质接触。

第二节　施肥机械

施肥机是一种肥料的施用机械。由于农家肥料和化学肥料、液体肥料和固定肥料等性质差别很大，因而施用这些肥料的机械其结构和原理也不相同。

一、分类

施肥机械根据施肥方式的不同分为用于全面撒施的撒肥机和用于条播的施肥机。主要有固体化肥施用机械（撒肥机械、种肥施用机械、追肥机械）、化肥排肥器、厩肥撒播机、制粒肥机、液肥施用机。

全面撒施的撒肥机

用于条播的施肥机

撒肥机械：离心式撒肥机、全幅施肥机、气力式宽幅撒肥机。

化肥排肥器常用的有外槽轮式、转盘式、离心式、螺旋式、星轮式和振动式等几种。

厩肥撒播机按原理分为螺旋式和甩链式两种，其中以螺旋式最为常见。

制粒肥机按原理分有挤压式和非挤压式两种。按机具结构特点分转盘式、滚筒式、螺旋推运器式、刮板式、滚柱式和模压式等。

二、工作原理

离心式撒肥机是由动力输出轴带动旋转的撒肥盘利用离心力将化肥撒出。有单盘式与双盘式两种。

气力式宽幅撒肥机是利用高速旋转的风机所产生的高速气流，并配合以机械式排肥器与喷头，大幅宽、高效率地撒施化肥与石灰等土壤改良剂。

三、开沟施肥机的保养方法

（1）开沟施肥机及时进行必要的紧固和调整，开沟施肥机在使用一段时间后，有些行程和间隙会增大，用户要自己对开沟施肥机进行调整。

（2）开沟施肥机要注意用油。开沟施肥机发动机用油，必须是合格的柴机油，并严格按照工作时间进行加油，磨合期工作15~20h后更换机油，第二次工作50h，第三次工作100~150h，开沟施肥机的变速箱也必须用柴机油，不可以用齿轮油。因为开沟施肥机属于轻型机械，必须使用低浓度的轻负荷机油。

（3）开沟施肥机的保养，在使用后每天清洗干净，并紧固螺丝，及时校正变形，冬季要进行防锈处理。

四、施肥机在使用时需要注意的事项

对于施肥机的使用，农机手一定要注意一些日常的小细节，并且学会使用、维修、保养施肥机，不但有利于延长施肥机的使用寿命，还可以提高效率，增加效益。

（一）对于施肥机部件的调整要选好时间

施肥机在工作前，农机手都会对相应的部件进行调整或者安装一些需要使用的零部件，但是农机手需要知道的是，不是所有的部位和零部件都要在农机工作前安装，为了防止一些零部件在农机进地之前损坏，就要将这些零部件在作业地中进行调整、安装。如施肥机的开沟器就极易损坏，如果在未工作之前就将其安装好，很有可能在运输的途中损坏，为了确保机器的正常使用，有些部件的调整就要选择在作业地进行，从而确保机器部件的正常工作。

（二）化肥加入肥箱的时间要适当

化肥是种植田地不可缺少的肥料之一，由于是颗粒状，极易受潮溶化或者板结成块，不但会影响肥效，在施肥时也很困难。因此，进行播种时，不要过早将化肥加入化肥箱，这样很有可能引起化肥受潮或板结成块，应该在临播前将化肥加入化肥箱，这样既有利于播种，也不会影响肥效的发挥。

五、故障排除

施肥机使用时的常见故障、产生原因及解决方法如下：

（一）施肥器不排肥

原因：地轮没有工作，出现了不转动的现象。地轮之所以不转动，主要是因为地轮没有着地，传动链条出现了问题，可能是在工作过程中链条掉链或出现断链，从而使施肥器不排肥。

处理：如果是传动链条出现了毛病，就要及时进行修理或者更换，使地轮着地，从而使施肥器正常工作。

（二）个别排肥器不排肥

施肥机在工作时，整体的排肥器很正常，但是个别排肥器会出现问题，不排肥，产生这种现象的原因可能是排肥口被田地里的杂物堵塞，从而不能排肥，这种原因产生的问题，只需将不排肥的排肥口用工具捅开。但是在进行维修时，农机手一定要将农机熄火再进行修理，以免发生其他故障。需要注意的是农机手不要使用手指或木棍进行维修，可能会伤到自己。除了此原因，也有可能是排肥星轮或小锥齿轮销子出现了断裂或脱落，从而引起个别排肥器不排肥，如果是这种原因，农机手首先要检查零件能否维修，如果不能维修就要考虑更换新的零部件，从而使施肥机正常工作。

（三）各行施肥深度不一致

施肥机在工作时，如果一些零部件出现了问题，也会导致各行施肥深度不一致，究其原因，可能是施肥机机架的左右没有处在同一个平面上，左右出现严重不平衡现象，只是左右边的开沟器不处在同一个平面上，结果入土深度自然也就不一致，解决办法是农机手或维修员要将机架的左右维修，使其处在同一平面，从而使开沟器入土深度一致，施肥深度也就一致。除了此种原因，还可能是农机手在施肥机工作之前，没有做到对农机进行彻底检查，各个开沟器伸出的长度不同，从而导致开沟器入土深度也不一致。还有可能是开沟器在工作时被土块垫起，与其他开沟器不在同一平面，从而导致施肥深度不一致，如果是这种原因，农机手就要及时对各开沟器进行调整，使其处在同一个水平面上，从而保证各行施肥深度的一致性。

第五章　田园管理机械的使用及维护

第一节　中耕机

中耕机是指在农作物生长过程中进行松土、除草、培土等作业的土壤耕作机械。

一、主要工作部件

中耕机的主要工作部件分为锄铲式和回转式两大类。其中，锄铲式应用较广，按作用分为除草铲、松土铲和培土铲三种类型。

(一) 除草铲

除草铲分为单翼式、双翼式和通风式三种。单翼铲用于作物早期除草，工作深度一般不超过6cm。

三腿耘锄

它由水平锄铲和竖直护板两部分组成。前者用于锄草和松土，后者可防止土块压苗，护板下部有刃口，可防止挂草堵塞。中耕时单翼铲分别置于幼苗的两侧，所以有左翼铲和右翼铲两种类型，在安装时必须注意。双翼除草铲的作用与单翼除草铲相同，通常与单翼除草铲配合使用。

（二）松土铲

松土铲用于作物的行间松土，它使土壤疏松但不翻转，松土深度可达 13~16cm。松土铲由铲尖和铲柄两部分组成。铲尖是工作部分，它的种类很多，常用的有凿形、箭形和桦形三种。凿形松土铲的宽度很窄，它利用铲尖对松土过程中产生的扁形松土区来保证松土宽度。这种松土铲过去应用得较多。箭形松土铲的铲尖呈三角形，工作面为凸曲面，耕后土壤松碎，沟底比较平整，松土质量较好。我国新设计的中耕机上，大多已采用了这种松土铲。桦式松土铲适用于垄作地第一次中耕松土作业，铲尖呈三角形，工作面为凸曲面，与箭形松土铲相似，只是翼部向后延伸比较长。

松土铲

（三）培土铲

用途是培土和开沟起垄。按工作面的类型可分为曲面型和平面型两种。曲面型：它的铲尖和铲胸部分为圆弧曲面，碎土能力强，左、右培土壁为半螺旋曲面，翻土能力较强，因而在作业时，可将行间土壤松碎，翻向两侧。培土铲的铲尖较窄，所开的沟底宽度窄，且对垄侧的除草性能较强。培土铲与铲胸铰链，左、右培土壁的张度由调节壁调节和控制，调节范围为275~430mm，可满足常用行距的培土和开沟需要。在我国北方平原旱作地区广泛使用。平面型：这种培土铲适用于东北垄作地区。它主要是用于锄草和松土，安装培土板后还可以起垄培土。通常，在第一次中耕松土时，用幅宽为200mm的三角犁桦，不带培土板；第二次松土时，用幅宽为250mm的三角犁锌，培土板调到中间位置；第三次中耕松土时，用幅宽为350mm的三角犁钵，培土板调到偏大或最大张角位置。

开沟培土器

二、中耕机的调整

（一）操作手柄调节

操纵手把高度以操作方便为准。若需调整时将上下转位手把握住，然后将操纵手柄放到适宜的高度，让高度定位销插入该高度的销孔中，随即松开手把即可。定位销的长短可以通过转向拉线来调节。

（二）油门杆调整

调整油门杆手柄时，如果向顺时针方向转动，发动机转速会变快，反之，发动机转速变慢。油门杆间隙越小越容易控制发动机转速。我们可以通过调整油门拉线来控制其转速。有时，启动开关后，油门不一定到底，也可以通过调节油门拉线来解决。

（三）阻力器调整

当直接使用驱动轴进行旋耕作业时，因地块软硬差异和所需耕深的不同，需要调整阻力器长短：把阻力器的孔往上调，插入地下就越深，对地面的阻力也就越大，旋耕机前进速度相对会放慢，则旋耕加深；反之效果相反。

三、使用方法

（1）驾驶员起动发动机后，逐步加大油门，慢慢接合离合器，中耕机平稳运转后起步投入作业。

（2）根据不同的中耕要求和土壤条件，选用适合的工作部件。如松土选用松土铲，除草选用除草铲，培土选用培土器等。

（3）将工作部件排成两列，并保持一定的距离，随着中耕次数的增加，中耕深度也逐渐加深。

（4）为防止埋苗，作业时要留出护苗带。

（5）中耕机作业时，行走路线要直。

（6）操作中，驾驶员要注意观察中耕深度、行进速度、护苗带的预留和机械作业的效果，发现问题应及时纠正。

使用注意事项：

（1）作业前，要认真检查燃油箱的燃油，水箱的冷却水和齿轮箱的润滑油是否足够，若不够，应添加，以免损坏机件或耽误作业进度。

（2）作业中，要仔细观察工作部件两侧留出的护苗带是否有埋苗现象，若有，应停机调整。

（3）过田埂、水沟时，人应离座，扶机缓慢通过，严禁高速冲过田埂、水沟。

（4）当中耕机发生异常响声，应立即停机检修。

四、维护保养

中耕机在作业期间，由于运转产生摩擦、振动及负荷的变化，不可避免地会出现联接螺栓松动、零件磨损、配合间隙增大、技术状态变坏、发动机功率下降、故障逐渐增多、工作效率降低、油耗增大、作业成本提高等情况。为了使中耕机能保持良好的技术状态，延长使用寿命，就必须定期对中耕机进行维护保养。

（一）发动机曲轴箱润滑

新机器最初运转时会发生初始磨损，所以运转 100h 后要把机油全部换掉。小型机只要把泄油口的螺堵拧开，把尾轮抬起来，使机器向前倾，这样机油就会从卸油口排出了。中型机在卸油时，如果不方便卸出，最好在卸油口处插入一个塑料管，这样机油就能流出来了。底下一定要放一个空的容器，以免对地面造成污染。卸完油后一定要将油堵拧紧。

注油时，需使发动机处于水平状态，从注油口注入机油，直至油位达到注油口边为止。注意，油栓上的危险油位线是以平坦地面使用时的油位为标准，因此在坡地（倾斜25°以上）使用时，每隔8h就应检查油位，必要时应加油到规定量。

（二）变速箱（主机及旋耕机）润滑

变速箱在注油时，从手柄下部注油口注入齿轮油，直至达到规定量，并应经常检查油量是否达到规定量。泄油时，应从变速箱下部的排油口泄出。旋耕机链盒则从注油口泄出。

需要注意的是，变速箱齿轮油在最初运转 100h 后更换新油，这是由于最初运转时会发生初始磨损，所以应提前换油。如果不换的话，长时间使用后，油会劣化而起不到润滑作用。以后，每经过 1~2 年也需要换一次润滑油。

（三）传动链壳体（又称中间链盒）润滑

传动链壳体已于装配时涂有优质润滑脂，但用一段时间以后里边就脏了，仍需做一些保养润滑工作。首先将旋耕机链盒卸下来，将链条、链轮取下，然后放入汽油里刷一遍，把上边的黑油、脏油都刷掉，链盒里边也要用汽油刷干净。尼龙垫也做同样处理。做完清理润滑工作后，装上链条和链轮，还要重新再涂抹一层润滑脂，而外圈的橡胶纸垫最好用棉丝擦一下，转动一下链轮，使润滑脂涂抹均匀，盖上链盒壳体即可。传动润滑壳体的润滑一般一年一次就可以。

除了润滑外，传动箱旋耕链盒还要定期注油。新机器使用 20h 后，应更换齿轮油，冬季为 20#齿轮油，夏季为 30#齿轮油，加注到注油口端，以后每使用 3 个月更换一次。

第二节　喷雾机

喷雾机是将液体分散成为雾状的一种机器，分农用、医用和其他用途（如工业用），农用分类为农业机械的植保机械。一般称人力驱动的为喷雾器，动力（发动机、电动机）驱动的为喷雾机。喷雾机按工作原理分液力、气力和离心式喷雾机。按携带方式分手持式、背负式、肩挎式、踏板式、担架式、推车式、自走式、车载式、悬挂式等，还有航空喷雾机。

一、背负式机动喷雾喷粉机

背负式机动喷雾喷粉机（以下简称背负机）是采用气流输粉、气压输液、气力喷雾原理，由汽油机驱动的机动植保机具。具有操纵轻便、灵活、生产效率高等特点，广泛用于较大面积的农林作物的病虫害防治工作，以及化学除草、叶面施肥、喷洒植物生长调节剂、城市卫生防疫、消灭仓储害虫及家畜体外寄生虫、喷洒颗粒等工作。它不受地理条件限制，在山区、丘陵地区及零散地块上都很适用。

背负式机动喷雾喷粉机

（一）主要结构

背负机主要由机架、离心风机、汽油机、油箱、药箱和喷洒装置等部件组成。

（1）机架总成是安装汽油机、风机、药箱等部件的基础部件。它主要包括机架、操纵机构、减振装置、背带和背垫等部件。

（2）离心风机是背负机的重要部件之一。它的功用是产生高速气流，将药液破碎雾化或将药粉吹散，并将之送向远方。背负机上所使用的风机均为小型高速离心风机。气流由叶轮轴向进入风机，获得能量后的高速气流沿叶轮圆周切线方向流出。

（3）药箱的功用是盛放药液（粉），并借助引进高速气流进行输药。主要部件有：药箱盖、滤芯、进气管、药箱、粉门体、吹粉管、输粉管及密封件等。为了防腐，其材料主要为耐腐蚀的塑料和橡胶。

（4）喷洒装置的功用是输风、输粉流和药液。主要包括弯头、软管、直管、弯管、喷头、药液开关和输液管等。

（5）背负机的配套动力都是结构紧凑、体积小、转速高的二冲程汽油机。目前国内背负机配套汽油机的转速 5 000 ~ 7 500 r/min，功率 1.18 ~ 2.94kW。汽油机质量的好坏直接影响背负机使用可靠性。

（6）油箱的功用是存放汽油机所用的燃油，容量一般为 1L。在油箱的进油口和出油口，配置滤网，进行二级过滤，确保流入化油器主量孔的燃油清洁，无杂质。在出油口处装有一个油开关。

（二）背负机操作步骤及使用注意事项

机具作业前应先按汽油机有关操作方法，检查其油路系统和电路系统后进行启动。确保汽油机工作正常。

（1）喷雾作业步骤机具处于喷雾作业状态。加药前先用清水试喷一次，保证各连结处无渗漏；加药时不要过急过满，以免从过滤网出气口溢进风机壳里；药液必须干净，以免喷嘴堵塞；加药后要盖紧药箱盖。

启动发动机，使之处于怠速运转。背起机具后，调整油门开关使汽油机稳定在额定转速左右，开启药液开关即可开始作业。

喷雾时应注意：

1）开关开启后，严禁停留在一处喷洒，以防对植物产生药害。

2）背负机喷洒属飘移性喷洒，应采用侧向喷洒方式，以免人身受药液侵害。

3）喷雾前首先校正背机人的行走速度，并按行进速度和喷量大小，核算施液量。喷雾时严格按预定的喷量大小和行走速度进行。前进速度应基本一致，以保证喷洒均匀。

4）大田作业喷洒可变换弯管方向，当喷洒灌木丛时可将弯管口朝下，防止雾粒向上飞扬。

（2）喷粉作业步骤机具处于喷粉作业状态。关好粉门后加粉。粉剂应干燥，不得含有杂草、杂物和结块。加粉后旋紧药箱盖。

启动发动机，使之处于怠速运转。背起机具后，调整油门开关使汽油机稳定在额定转速左右。然后调整粉门操纵手柄进行喷撒。使用薄膜喷粉管进行喷粉时，应先将喷粉管从摇把绞车上放出，再加大油门，使薄膜喷粉管吹起来。然后调整粉门喷撒。为防止喷管末端存粉，前进中应随时抖动喷管。

（3）在背负机使用过程中，必须注意防毒、防火、防机器事故发生，尤其防毒应十分重视。因喷洒的药剂浓度较手动喷雾器大，雾粒极细，田间作业时，机具周围形成一片雾云，易被吸进人体内引起中毒。因此必须从思想上引起重视，确保人身安全。作业时应注意：

1）背机时间不要过长，应以 3 ~ 4 人组成一组，轮流背负，相互交替，避免背机人长期处于药雾中吸不到新鲜空气。

2）背机人必须配戴口罩，口罩应经常洗换。作业时携带毛巾、肥皂，随时洗脸、洗手、漱口、擦洗着药处。

3）避免顶风作业，禁止喷管在作业者前方以八字形交叉方式喷洒。

4）发现有中毒症状时，应立即停止背机，求医诊治。

（4）背负机工作药液浓度大，喷洒雾粒细，除人身安全外，还应注意避免植物中毒，产生药害。

（5）背负机用汽油作燃料，应注意防火。

（三）维护保养

1. 机具部分

日保养。每天工作完毕后应按下述内容保养：①药箱内不得残存粉剂和液剂。②清理机器表面的油污和灰尘，尤其是喷粉作业时更应勤擦。③用清水洗刷药箱，尤其是橡胶件；汽油机切勿用水洗刷。④检查各连接处是否漏水、漏油，并及时排除。⑤检查各部件螺钉是否松动、丢失，若有，应及时旋紧或补齐。⑥喷粉作业时，要每天清理化油器。⑦保养后的机器应放在干燥通风处，勿近火源，避免日晒。⑧喷粉管内不得存粉，拆卸之前空机运转1~3min，借助风力将残粉吹净。

长期存放。机器长期存放不用时，应按下述内容进行保养：①将机器全部拆开，仔细清洗各部件油污灰尘。②用碱水或肥皂水清洗药箱、风机、输液管，之后再用清水清洗。③各种塑料件不要长期暴晒、不得磕碰、挤压。④整机用塑料罩盖好，放于干燥通风处。

2. 汽油机部分

日常保养。①清理汽油机表面油污和灰尘。②拆除空气滤清器，用汽油清洗滤网。③检查油管接头是否漏油，结合面是否漏气，压缩是否正常。④检查汽油机外部禁锢螺钉，如松动要旋紧，如脱落要补齐。⑤保养后将汽油机放在干燥阴凉处用塑料布或纸罩盖好，防止被灰尘油污弄脏，防止磁电机受潮受热，导致汽油机起动困难。

50h保养（按汽油机运转累计时间）。①完成日常保养。②清洗油箱、化油器、浮子室。③清洗火花塞积炭，调整间隙0.5~0.7mm。④清除消音器中消音板积炭。⑤拆下导风罩，清除导风罩内部及汽缸盖和汽缸体散热片间的灰尘和污泥。

100h保养（按汽油机的运转累计时间）。①完成50h保养。②拆开化油器全部清洗。③拆卸缸体、活塞环、清除缸体内、活塞顶、活塞环槽、火花塞积炭。④拆下风扇盖板、风扇，清除壳体内部油污尘垢。⑤清洗曲轴箱内部。清洗过程中应不断地转动曲轴，以达到清洗主轴承和连杆主轴承的目的。⑥检查点火系统：无触点电子点火磁电机：磁电机定子和转子间隙是否为 0.3~0.4mm；火花塞点火是否正常；高压线与火花塞卡簧接触是否良好。

500h 保养（按汽油机运转累计时间）。拆卸全机（曲轴连杆除外）清洗和检查，同时检查易损零件磨损情况，根据具体情况进行修理更换。

二、悬挂式喷雾机

悬挂式喷雾机是与 30 马力以上拖拉机配套的大型宽幅喷杆喷雾机，用于喷洒灭虫剂、除草剂、杀菌剂，亦可用于喷洒液体肥料等，喷雾性能好，作业效率高，广泛适用于草地、旱田等。

悬挂式喷雾机

（一）悬挂式喷雾机具的主要特点

（1）药液箱容量大，喷雾时间长，作业效率高。

（2）喷雾机的液泵，采用多缸隔膜泵，排量大，工作可靠。

（3）喷杆采用单点吊挂平衡机构，平衡效果好。

（4）喷杆采用拉杆转盘式折叠机构，喷杆的升降、展开及折叠，可在驾驶室内通过操作液压油缸进行控制，操作方便、省力。

（5）可直接利用机具上的喷药液泵给药液箱加水，加水管路与喷雾机采用快速接头连接，装拆方便、快捷。

（6）喷雾管路系统具有多级过滤，确保作业过程中不会堵塞喷嘴。

（7）药液箱中的药液采用回水射流搅拌，可保证喷雾作业过程中药液浓度均匀一致。

（8）药液箱、防滴喷头采用优质工程塑料制造。

（二）注意事项

（1）打农药前要穿戴严实。戴口罩、手套，穿长袖衣服和长裤。

（2）在打农药前先仔细查看农药标签的说明，农药标签上都有解毒方法。

（3）仔细了解农药毒性。高度和剧毒农药需要严格按照标签说明使用。操作人员必须带好防护用品。如口罩、手套、长衫、长裤等。严禁超量使用。用药量大会导致害虫死得快，这种想法是非常错误的。

（4）中低毒农药也必须按照标签严格使用。

（5）尽量少的直接接触农药，勿进食、饮水、吸烟。施药时站在上风处。

（6）打完农药后第一时间打开打药车的洗手箱，使用普通（碱性）肥皂洗手或者其他部位，然后回去第一时间洗澡。

（7）任何时候不要污染打药车洗手箱，时刻保证洗手箱的水是充足和干净的。

(三) 保养维护

如操作或保存不当，悬挂式喷雾机很容易受腐蚀，从而缩短使用寿命，所以保养维护方面应注意以下几点：

（1）作业前，要按照说明书操作，检查、调整各部件的状态，对润滑点加油润滑，同时保持机体的清洁。

（2）作业结束后，及时用清水冲洗喷洒几次，将药液箱、液泵和管道内残存的药液清除干净。检查喷雾机是否出现故障，并进行晾干。

（3）季节性操作结束后，喷雾机保存时间较久，除了将机体清洗干净外，还应拆下三角皮带、喷雾胶管、喷头、混药器和吸水管等部件，将其冲洗干净，与机体一同放置在阴凉干燥处。如果是橡胶制品，则需要悬挂在墙壁上，以免受到挤压损坏。同时，需要远离化肥、农药等腐蚀性强的物品，以免生锈损坏。

第六章　收获机械的使用及维护

由于各种作物的收取部位、形状、机械物理性质和收获的技术要求不同，因此需采用不同种类的作物收获机械。主要包括：谷物收获机械、玉米收获机械、棉花收获机械、薯类收获机械、甜菜收获机械、花生收获机械、甘蔗收获机械、蔬菜收获机械、果品收获机械、采茶机、牧草收获机械和青贮饲料收获机等。它们分别采用切割、挖掘、采摘、拔起和振落等方式进行收获。有些收获机械还对收获部分进行脱粒、摘果、去顶、剪梢、剥苞叶、分离秸秆和清除杂质等工序。各种联合收获（割）机则一次完成某种作物的全部或大部分收获工序，如谷物联合收割机、玉米联合收获机、马铃薯联合收获机等。

第一节　全喂入式稻麦联合收割机

一、全喂入式稻麦联合收割机的分类

全喂入式稻麦联合收割机分为履带式和轮式两种。基本都可用于籼稻、再生稻、杂交稻、粳稻、小麦、大麦等作物的收获。

履带式稻麦联合收割机，其主要优点就在于它防陷能力强，脱粒能力和分离能力也比较好，可以减少夹带损失，干净度好。但使用履带式稻麦联合收割机必须要求在平整的软质地面，操作中转移慢，不是很方便。它主要适用于水稻作物的收获，如丘陵地带较小、易陷地块，同时也兼收小麦、大麦、油菜等。

轮式稻麦联合收割机，运转比较方便，操作灵活，工作效

率高，但其防陷能力较差，遇到稻田，尤其是易陷的田块，就不能操作了。所以一般多适用于田块较大的平原区域，以收割小麦为主，兼收水稻、油菜等。

履带式稻麦联合收割机

轮式稻麦联合收割机

二、全喂入式稻麦联合收割机的结构及工作原理

（一）履带式稻麦联合收割机

以履带式稻麦联合收割机 4LZ-2.0 型为例。它主要由以下几个部分组成：发动机、驾驶台、割台部分、输送装置、脱谷部分、底盘部分、液压及电气系统等。

（1）发动机：发动机为柴油发动机，位置在底盘的上边，用以驱动行走系统、液压系统和主机工作部件的作业。

（2）驾驶台：驾驶台包括变速操纵杆、油门踏板与手油门、行走离合器踏板、驻车手柄、拨禾轮升降手柄、割台升降手柄、无级变速手柄、主离合器操作手柄、卸粮离合器操纵手柄、熄火手柄、电源开关等。

（3）割台：割台为卧式，位于机器的前端，用以切割和输送作物（本系列机型有两种割幅的割台：割幅为 1.8m 的割台和割幅为 2.0m 的割台）。割台主要由拨禾轮、右（左）分禾器、切割器、割台体、螺旋输送器、传动机构、拨禾轮无级变速器（1.8m 的割台无）、割台油缸安全卡等组成。

（4）输送装置：输送装置位于机器的左侧，下部搭在割台喂入口处，上部与脱粒室相连。作用是将割台送来的作物通过输送链均匀的强制输送到脱粒室中。输送装置主要由上轴、下浮动轮、输送链、壳体等组成。

（5）脱谷部分：脱谷部分位于机器的整个后半部，是收割机的核心部件。其作用是将进入脱粒室的作物进行脱粒、分离、清选、输送、排草及卸粮等。脱谷部分由脱粒滚筒、凹板、清选室、清选风机、籽粒和杂余输送装置、脱谷离合器等组成。

（6）底盘部分：底盘部分主要由变速箱总成、行走机构等组成。其中行走机构包括：行走轮系、机架、橡胶履带。

（7）液压系统：液压系统由液压油箱、齿轮泵、2路阀、割台升降油缸、拨禾轮升降油缸等组成。

（8）电气系统：电气系统是由起动、灯光、仪表、发电、倒车报警等部分组成。

履带机在田间收获谷物的过程如下：拨禾轮将作物拨向切割器，被切割器割下的作物由拨禾轮继续将作物拨送到割台喂入搅龙，由割台喂入搅龙将作物送入输送装置，作物被输送装置的链耙送向脱粒滚筒进行脱粒和分离，作物进入脱粒滚筒分为两路：一路是作物茎秆在脱离滚筒的导向板作用下做螺旋运动被排出机外，另一路是从作物穗头上脱出的籽粒连同颖壳、碎秸经过凹板的空隙落到清选室抖动板上，在抖动板的作用下将作物籽粒送到振动筛上，在振动筛中经过筛面和风扇气流的清选，籽粒落到清选筛滑板上，由籽粒水平搅龙推入籽粒升运器，再经过籽粒提升搅龙送入粮箱。未脱净的籽粒混合物经尾筛进入杂余水平搅龙，由杂余水平搅龙送入杂余升运器，再经杂余提升搅龙送入脱粒或振动筛进行二次脱粒或清选。清选筛箱中的颖壳、碎秸和其他杂物在风扇气流的作用下，直接吹到机器尾部落到地面。

（二）轮式稻麦联合收割机

轮式稻麦联合收割机与履带式收割机的工作原理基本相同，但在结构上主要有以下几点区别：

（1）转向不同：轮式机多了一个方向机总成，主要用于转向。

（2）传动系统不同：轮式机采用无级变速轮、皮带以及带有启速器的变速箱传动，履带机采用变速箱齿轮传动。轮式机设有三个前进挡和一个倒退挡。

（3）割台喂入搅龙、进料口不同：轮式机有第一分配搅龙和第二分配搅龙。

(4) 过桥结构不同：轮式机的过桥结构相当于履带机的底盘部分，轮式机分前桥和后桥，通过转向轮桥实现转向。而履带机底盘部分主要由变速箱总成和行走机构组成。其中行走机构由行走轮系、机架、橡胶履带等组成。

(5) 脱粒室不同：轮式机脱离室有切流、轴流两只滚筒，而履带机只有一个滚筒。

(6) 筛箱总成不同：轮式机的上筛、下筛都采用可调节的鱼鳞筛，履带机采用的是网格、冲孔筛相结合。

轮式机在田间收获谷物过程如下：拨禾轮将作物拨向切割器、切割器切割作物，拨禾轮继续将作物拨送到割台螺旋输送器（割台搅龙），割台螺旋输送器左右两端的螺旋导叶将作物向割台中段输送，在有中段拨齿机构的伸缩扒齿将作物拨向倾斜输送器过桥，由倾斜输送器将作物送向切流滚筒对籽粒进行脱粒和分离，然后由轴流滚筒进一步脱粒和充分分离籽粒后在其尾部将作物的茎秆排出排草口。由切流滚筒和轴流滚筒凹板分离出来的脱出物（籽粒、短茎秆、颖糠和其他杂物等经由下筛尾部向后抛向地面，籽粒混合物（籽粒和少量小杂物）、小穗头等杂物经杂余滑板进入复脱器进行复脱，再进入筛箱清选，其余经筛箱籽粒滑板滑向籽粒螺旋输送器，最后由刮板式籽粒升运器提升进入粮箱。

三、作业前准备

操作人员在作业前都要有一个准备工作。检查水箱中的冷却水是否充足，如果不够，可以用河水或暖水（煮沸沉淀后的水）来补充，不能用地下水；检查燃油箱中是否有足够的柴油，如不足，也要补充满；检查发动机机油是否在规定的范围内，拔出盖子，将机油尺擦干净后放入机油箱内，再拔出来，观察油位，标准油位要在两个刻度线的中间偏上一点不超过上刻度线为好，如达不到标准，可用漏斗加注；检查液压油箱中的液压油是否足够，打开盖子，取出滤网，只要看到油就证明基本加满，所用的液压油为 68 号液压油。传动箱内每个季度也要加入 100ml 液压油；检查蓄电池是否充电。只要启动机器，观察安培表，确认表针向"+"的方向（右移动）移动即可。检查空气滤清器，看滤芯是否干净，里边是否有沉淀物，如有，要用柴油洗一遍，然后把滤清器里加入一半的柴油，再放入滤芯，如果要换新的滤芯，必须等滤芯浸透柴油后再安装。检查安全防护罩是否安装完好，只要不少螺丝、不松动就可以。最后确保灭火器随车携带。

四、作业方法及注意事项

这两种机型在作业时，无论是收获水稻还是小麦，其作业方法基本上都是一样的，所以在这里，我们就以收获水稻为例，介绍两种机型的使用。

（一）作业条件

这两种机型都适用于籼稻、再生稻、杂交稻、粳稻、小麦、大麦等作物的收获，但低速挡不适合收获籼稻。在正常作业条件下，对作物一般要求成熟期或黄熟期，作物高度在 550~1 100 mm，割线以上无杂草，水稻草谷比为 1.0：2.4，籽粒含水率为 15%~18%。倒伏程度为微倒伏，倒伏角度要小于 45°。对田块要求比较规则，且宽≥10m，长≥50m，同时要求田块较平整、无深沟、无硬杂物、无泥潭、无下陷。以上条件是最适合机器使用了，尤其是轮式机，使用起来非常方便。在以下条件下，机器仍能继续作业，但效率会相对降低。比如：作物倒伏角度达到≥45°但≤70°时，就需要逆割了。如果田块比较下陷，60kg 左右的人单脚用力踩地面，下陷程度小于 15cm，那么这时，就只能用履带机了。

（二）收割方法

使用履带式稻麦联合收割机，在进入待收割田块前，应确保周围无人，或远离该机时方可起步。踏下行走离合器，将脱谷离合器接合，并将手油门手柄置于"大"的位置，副变速杆挂在"慢"挡上，主变速杆挂在"Ⅰ"挡上，慢慢抬起离合器，使机器缓慢进入田块；然后右手置于液压操纵手柄上，随时调整割茬的高低。割第一刀时一般称为"开道"，建议最好用慢Ⅰ挡作业，从四周向中间割起。待道开好后，可根据作物的产量及田块的大小来决定用哪个挡位作业合适。在收获时要求应始终以手油门并放到最大油门位置作业，不允许以减小油门来降低前进速度，否则会降低性能指标或使机器发生堵塞。注意：应经常查看各种仪表工作是否正常，如不正常应立即停机检修。

对于一般的田块，当收割机割到田头时，首先要鸣笛，抬起拨禾器，然后将机体左转20°，倒车约两倍的车身长后，挂前进挡，边行进边左转机体约30°左右，割至割台右分禾器接近田埂时，再倒车，左转机体30°，再挂前进挡，如此反复2~3次，转弯完成。

对于倒伏作物，若作物倒伏角在45°以内时，可按正常作业方法作业。若倒伏角大于45°时，建议逆割不顺割，这样不但会减少损失，同时也减少机器的堵塞和损坏。

为了减少不必要的损失，作业时只允许左回转收割。行走时也要不时检查是否有草缠在拨禾轮上，如有，要及时摘除，以免影响作业质量。在作业时，应随时注意粮箱是否装满籽粒，当粮箱里的粮食快满时，要及时卸粮。卸粮前，一定要拔掉卸粮出口插板，卸粮应该一次性卸完，不要中途停顿，否则，容易造成卸粮三角带破损，甚至卸粮螺旋输送器或其他机件的损坏。当粮箱充满粮食时，是不允许用Ⅲ挡行驶。只有粮食卸空，才能够进行田间转移。更不允许把玉米联合收获机当作运输车或交通工具使用。

在作业时，合理控制喂入量和作业速度也是操作人员必须掌握的。作业的前进速度应考虑作物产量、自然高度、干湿程度、发动机负荷等。

五、稻麦联合收割机的维护保养

收割机在作业期间，由于运转产生摩擦、振动及负荷的变化，不可避免的会出现联接螺栓松动、零件磨损、配合间隙增大、技术状态变坏、发动机功率下降、故障逐渐增多、工作效率降低、油耗增大、作业成本提高等情况。为了使收割机能保持良好的技术状态，延长使用寿命，就必须对收割机进行定期的维护保养。一般分为班保养和季保养。履带机和轮式机都可按照下边的保养方法进行。

（一）班保养

首先要清除机器上的灰尘、油污、杂物，用扫把或棕榈刷将柴油机气缸盖、气缸体清扫干净。

彻底检查和清理稻麦联合收割机各部位是否有缠草，以及颖糠、麦芒、碎茎秆等堵塞物。

检查各部位螺栓、螺母的紧固情况，如有松动，应及时紧固。

检查发动机的油封有没有漏油，检查发动机的水箱有没有漏水，检查发动机的进气管道有没有漏气。如有三漏，应查明原因后，及时排除。

清理发动机空气滤清器，方法如下：此机器采用的是干式滤清器。清洗干式滤清器时，松开螺丝，抽出滤芯，用手轻轻拍打滤芯的表面，去除表面的浮尘。再用毛刷清除滤芯缝隙内的尘土。最后安装好空气滤清器。注意，密封垫一定要上紧，

同时把螺丝拧紧

打开水箱罩，查一下水箱是否堵塞。如堵塞，应及时清洗水箱。只需要用清水冲洗干净即可。

检查柴油机的燃油、机油、液压油、冷却水是否充足，不足时应及时添加。加燃油注意速度一定要慢，跑出来的油要擦掉，否则容易起火。

拨禾轮各转轴、链条、割刀等部分，每班滴油 1~2 次，各黄油嘴要加注润滑脂。其中，链条要清理后才能注油。

检查变速箱、柴油机曲轴箱润滑油油面的高度，根据需要添足。

（二）季保养

收割季节结束后，稻麦联合收割机要有很长时间的封存、停用，因此做好每季例行技术保养也是维护保养工作的重要内容。季保养内容除包括班保养全部的内容外，还应增加下列内容：

放出变速箱内的旧机油，更换新机油；将发动机及水箱的冷却水放掉。

清洗柴油滤清器：当发动机每工作 200h，必须清洗柴油滤清器，更换柴油芯，用干净的柴油清洗、擦拭干净，换上新滤芯。在清洗更换柴油滤清器后，要对柴油系统进行排气，如果柴油滤清器里有空气了，会出现供油不足现象，机器在行走时会一颠一颠的，所以要排气。排气时，打开柴油滤清器上的排气螺栓，压下手动泵杆，上下压动，把空气排空，再压下去，立即拧紧螺栓。直到螺栓孔排除不含气泡的柴油时即可。

履带机应使履带还原。操作时必须用千斤顶将后大架、前大架顶起来，然后将底盘机架用方木块垫起，使履带不承受压力，同时使履带离地，拧开螺母后，使履带还原。接着，还要把链条全部卸下来，浸泡在柴油里，以免生锈，等来年用时再拿出来。三角皮带也取下挂好，以免受压变形，等来年再用。

要维护电气设备的正常工作，首先要维护保养好发电机。除了要检查三角皮带的正确张进力，维护启动马达也是重要的内容。要定期卸下启动马达，彻底清理小齿轮和飞轮齿圈，只要将小齿轮用毛刷刷一遍，并在上边涂抹润滑油，然后再抹上黄油；飞轮齿圈也是一样。最后将启动马达装好。接着，发动机水泵有黄油嘴的地方也要加注黄油。另外，将发动机皮带卸下来，清理后罩和碳刷，然后再将皮带安装好。

做好防腐蚀工作：各种运动件连接处都要滴上机油；机器不许与腐蚀性的物质放在一起，应摆在通风干燥处。

蓄电池应保持清洁、干净，所有的电瓶必须接线牢固，要定期检查蓄电瓶酸液面的高度，酸液面位置高度要超过铅板上沿 10mm，如果高度不够，必须加注蒸馏水补偿。

(三) 技术检修

当收割机累计作业达到 500h 后，必须进行全面检修。具体做法就是将收割机（主要是转动部分）零部件拆开，进行全面的清洗、检查、调整、修理，必要时更换零件，然后再按原样要求重新组装。

六、故障排除

履带式稻麦联合收割机在作业中，常出现的故障主要有下面几点：

作业中，常会发现有漏割的现象，这说明有泥土或草缠在刀片上，只要清理掉即可。

如出现跑粮现象，就要检查一下清选筛和清选风机。

如发现拨禾轮有翻草现象，说明拨禾轮位置太低或偏后，调拨禾轮位置即可

发现滚筒堵塞，首先应检查联组皮带。松开离合，用手摁

一下，如果联组皮带松了，转速不够，就会造成此现象。调整时可将张紧轮往上调，然后拧紧螺丝，接合离合器，再摁一下皮带，以摁下去不超过15mm为宜。皮带与托板的间隙不能超过12mm，否则皮带会失去摩擦，一直转动。如果还是有堵塞现象，就要调整凹板间隙。一般使凹板间隙到第二个孔，然后打开检视孔盖，将堵塞物清干净。

如发现谷粒破碎太多，应适当放大活动凹板出口的间隙。

作业中，有时会出现割台升不起来或自由下降现象。这多是由于液压油不清洁造成，只更换液压油即可。如果换油后，还是会出现割台升不起来或降不下去的现象，这主要是油缸中存有气体，需要排气。排气的方法是：将油缸进油管接头拧松，启动发动机，扳动液压手柄；当油缸管接头处溢出的油一会有一会没有，就证明有气泡，直到没有气泡时，排气完成，把管接头拧紧。割台放到底后，旋紧油缸接头，必须在发动机熄火后进行。

轮式稻麦联合收割机在作业时，有时也会出现上边的故障，只要按照同样的方法处理即可。但轮式机有时会出现刹车失灵。遇到这种问题，只要将刹车油杯内的空气放掉即可解决。放气时，先检查刹车油杯内还有没有油，有油的情况下才能放气，没有油要先刹车加油。松开螺丝，踩一下刹车，试试看有没有空气，如有，要一直踩刹车，直到喷出成汩的油，没有气跑出来，就证明没有空气，然后踩住刹车不动，把螺丝拧紧即可完成。

第二节　玉米收获机

玉米收获机是在玉米成熟时，根据其种植方式、农艺要求，用机械来完成对玉米的茎秆切割、摘穗、剥皮、脱粒、秸秆处理及收割后旋耕土地等生产环节的作业机具。

一、玉米收获机分类

（一）按动力匹配方式分类

（1）背负式玉米联合收获机：即与拖拉机配套使用的玉米联合收获机，它可提高拖拉机的利用率、机具价格也较低。但是受到与拖拉机配套的限制，作业效率较低。目前国内已开发单行、双行、三行等产品，分别与小四轮拖拉机及大中型拖拉机配套使用，按照其与拖拉机的安装位置可分为正置式和侧置式，一般多行正置式背负式玉米联合收获机不需要开作业道。

背负式玉米联合收获机

（2）自走式玉米联合收获机：即自带动力的玉米联合收获机，该类产品国内目前有三行、四行和五行，其优点是工作效率高，作业效果好，使用和保养方便，唯一不足是用途单一。国内现有机型摘穗机构多为摘穗板—拉茎辊—拨禾链组合结构，秸秆粉碎装置有青贮型和粉碎型两种。

（3）牵引式玉米联合收获机：牵引式玉米联合收获机是由拖拉机牵拉作业，所以在作业时由拖拉机牵引收获机再牵引果穗收集车，配置较长，转弯、行走不便。目前，这种玉米收获机基本属于淘汰机型。

牵引式玉米联合收获机

自走式玉米联合收获机

（二）按收获方法分类

（1）摘穗机：机器收获后以玉米果穗状态存在。

（2）玉米籽粒收获机：机器收获后以玉米籽粒状态存在。

目前有两种：半喂入：果穗—脱粒分离系统—清选系统—粮箱；

全喂入：果穗+茎秆—脱粒分离系统—清选系统—粮箱。

（3）青贮饲料玉米收获机：用于收获玉米青贮饲料。

二、玉米收获机主要功能部件

目前国内玉米收获工艺分为以下几种：

摘穗—果穗输送—集装—茎秆粉碎还田

摘穗—果穗输送—剥皮—集装—茎秆粉碎还田

摘穗—果穗输送—集装—茎秆粉碎回收

摘穗—果穗输送—剥皮—集装—茎秆粉碎回收

摘穗—果穗输送—脱粒（玉米联合收获机配玉米割台直收籽粒）

由上述工艺流程可以看出，玉米收获机主要工作部件为：摘穗输送、剥皮装置、茎秆处理装置、果穗箱等。

三、玉米收获机的基本结构及工作原理

（一）摘穗台的组成及摘穗装置

（1）摘穗台主要功能是完成果穗的摘取、输送。

（2）摘穗装置主要功用是将玉米果穗从茎秆上摘下。主要由分禾器、摘穗辊、摘穗机架、割台护罩、摘穗齿箱和喂入链等组成。

目前主要有两大类：

1）摘穗辊式。

2）摘穗板和拉茎辊组合式摘穗机构。

扶禾器：在收获机工作时，扶禾器首先接触作物前锥部的导板，将待收玉米植株扶持、引导至摘穗道内，以便摘穗。

摘穗辊：摘穗辊是一对表面带有螺旋凸筋和螺旋爪并且相

向旋转的辊子，玉米的植株从两个辊子中间的间隙通过，并将玉米果穗摘下。

切草刀：是切断缠在摘穗辊上的杂草，防止因摘穗辊上缠草过多而造成摘穗道的堵塞和收获机工作部件的损坏。

拨禾链：拨禾链的功用是将进入机器的玉米植株向后拨送，使之进入摘穗辊工作间隙。

（二）输送装置

输送装置包括水平输送器和果穗升运器。

1. 水平输送器

水平输送器位于摘穗台的后部，将摘穗辊输送来的果穗送到剥皮器中。主要由输送器壳体、主动轴、被动轴、主动链轮、被动链轮和张紧机构等部分组成。

2. 果穗升运器

果穗升运器的主要功能是将由水平输送器输送来的果穗输送到果穗箱内。果穗升运器位于水平输送器的右侧，主要由升运器壳体、输送链钯、传动机构和张紧机构等组成。

（三）剥皮装置

主要功用是将玉米果穗和苞叶分离。主要由压制器、剥皮辊等组成。

（四）果穗箱

位于收获机的后端，安装在果穗箱支架上，它的主要功用是将果穗集中起来，装满后卸到备好的运输车中或开到指定地点卸下。

（五）茎秆粉碎装置

是将摘除果穗的玉米秸秆直接粉碎还田。它的构造主要由还田机壳体、V 形带传动系统、刀轴、地辊、悬挂机构等组成。

四、大型玉米收获机的使用及注意事项

（一）作业时应注意的事项

（1）玉米收获机作业前应平稳结合工作部件离合器，油门由小到大，到稳定额定转速时，方可开始作业。

（2）玉米收获机田间作业时，要定期检查切割粉碎质量和留茬高度，根据情况随时调整割台高度。

（3）根据抛落到地上的籽粒数量来检查摘穗装置的工作，籽粒的损失量不应超过玉米籽粒总量的 0.5%，当损失大时应检查摘穗板之间的工作缝隙是否正确。

（4）应适当中断玉米收获机工作 1~2min，让工作部件空运转，以便从工作部件中排除所有玉米穗、籽粒等余留物，不允许工作部件堵塞。当工作部件堵塞时，应及时停机清除堵物，否则将会导致玉米收获机摩擦加大，零部件损坏。

（5）当玉米收获机转弯或者沿玉米行作业遇有水注时，应把割台升高到运输位置，在有水沟的田间作业时，玉米收获机只能沿着水沟方向作业。

（二）作业试运转

在最初工作 30h 内，建议收获机的速度比正常速度低 20%~25%，正常作业速度可按说明书推荐的工作速度进行。试运转结束后，要彻底检查各部件的装配紧固程度、总成调整正确性、电气设备的工作状态等。更换所有减速器、闭合齿轮箱的润滑油。

（三）空载试转

（1）分离发动机离合器，变速杆放在空挡位置。

（2）启动发动机，在低速时接合离合器。待所有工作部件和各种机构运转正常时，逐渐加大发动机转速，一直到额定转速为止，然后使收获机在额定转速下运转。

（3）运转时，进行下列各项检查：顺序开动液压系统的液压缸检查液压系统工作情况，液压管路和液压件的密封情况；检查收获机（行驶中）制动情况。每经 20min 运转后，分离一次发动机离合器，检查轴承是否过热及皮带、链条的传动情况，各连接部位的紧固情况。当所有的挡位依次接合工作部件时，对收获机进行试运转，运行时注意各部分情况。玉米收获机就地空试时间不少于 3h，行驶空试时间不少于 1h。

（四）试运转前的检查

（1）检查各部位轴承及在轴上的高速转动件（如茎秆切碎装置、中间轴）的安装情况是否正常。

（2）检查 V 型带和链条的张紧度。

（3）检查是否有工具。

（五）玉米收获机的日常保养

（1）首先按照自走式玉米联合机使用说明书，对机车进行日常保养，并加足燃油及冷却水。

（2）清洗联合收货机散热器。由于作业的环境十分恶劣，吸入大量的草屑、茎叶及其他附着物，容易引起散热器堵塞，造成散热不好，水箱易开锅，因此，必须经常清洗散热器。

（3）清洗空气滤清器。由于田间作业环境恶劣，吸入草屑和尘土较多，发动机功率下降，轻者冒黑烟；重则使发动机启动困难，工作中自动熄火。因此，必须经常对滤清器进行清洗，另外多准备 2 个滤网，每隔 4h 更换清洗一次或适当加高滤清器风筒。

（4）检查液压油箱的油量。加油时，将收割台放入最低位置，将油箱加油孔周围擦干净，如果液压油不足时，应给予补充。

（5）检查三角带、传动链条、喂入和输送链的张紧程度；必要时进行调整，损坏的应更换新的部件。

（6）启动发动机，检查升降系统是否正常，各操纵机构、指示标志、仪表灯光、转向系统是否正常，检查各运动部件，工作部件是否正常，有无异常响声等。

五、安全作业提示

（1）玉米联合收获机作业人员应经培训教育，并取得驾驶证，方可驾驶、操作联合收获机。

（2）使用收获机前，驾驶员必须认真阅读使用说明书和安全标识。

（3）启动机器时，必须发出信号并且确保周围无人靠近时才可启动。

（4）驾驶员要穿合适紧身工作服，衣袖、裤脚要收紧，不允许穿肥大的衣裤或系领带，不准穿凉鞋、拖鞋等。

（5）驾驶室内不准超员，作业时必须关闭驾驶室门。

（6）在道路行驶时，应将左右制动板锁住，收割机提升到最高位置并锁牢。

（7）各安全防护罩未合上不允许起动发动机。

（8）经常检查收获机各系统的可靠性，如发现异常应及时检修，严禁机器带病作业。

1）检查液压油箱内的液压油油位，并按规定进行保养补充。

2）经常清理散热器。

3）清理空气滤清器。

4）经常检查拖拉机刹车机构、转向和信号系统的可靠性。

5）排除工作部件缠草、堵塞或进行保养、调整、维修时，一定要停车、待发动机熄火、零部件停止运转后才能进行操作。

6）在摘穗台下工作时，必须在摘穗台可靠支撑后进行，用安全卡锁定提升液压缸，并停机抽出启动钥匙。

（9）注意防火

1）认真检查各转动部件和发热部位有无杂草，发现杂草，应立即清除，以免引起火灾。

2）禁止在作业现场和机器运转时加油，严禁在收获机上和作业现场吸烟，以免发生火灾。

3）要随机携带灭火器，经常检查灭火器性能是否良好，遇到火灾时，应首先使用灭火器，要向火烟的根部喷。

（10）检查、维修液压油时必须先用纸板或木板去检查可疑之处，以免被泄漏的高压液压油穿透、击伤手及皮肤。

（11）发动机运转时禁止进入粮仓。严禁搭乘果穗箱，卸粮时严禁人员爬入果穗箱内助推果穗。

（12）禁止停机后立即检查维修有烫伤危险的零部件，应冷却后才能进行操作。

（13）充气状态下拆卸或安装轮胎紧固螺栓，要先放气，安装到位后，再充气。

（14）严禁在高压线下停车，作业时不要与高压线平行行驶。

（15）茎秆切碎还田机作业时，茎秆切碎还田机后面严禁站人。停车时，必须将还田机放落到地面。茎秆切碎机还田机作业时，禁止刀片入土。

（16）驾驶员在收获机运转时，不准离开工作岗位。不准在作业区内躺卧或携带儿童进行作业。

（17）坡地作业行驶要求

1）收获机在田间作业时，作业地的横、纵坡度均不得大于 8°。

2）转移行驶时横坡度不大于 8°，纵坡度不大于 11°18″，严禁坡地高速行驶，严禁在下坡时空挡滑行。

（18）收获机的停放。

1）收获机停止作业后，驾驶员必须将变速操作杆置于空挡位置。必须取下启动钥匙，断开电源总开关，并可靠的提起手刹。

2）最好不要在秸秆及杂草上停车，以免发生火灾。

3）收获机停放时，应使摘穗台和茎秆粉碎还田机处于最低位置。

第三节　马铃薯联合收获机

马铃薯联合收获机能一次完成挖掘、分离土块和茎叶及装箱或装车作业，非常方便和高效。按其分离工作部件结构的不同，主要分为升运链式、摆动筛式和转筒式三种，其中升运链式马铃薯等收获机使用较多，现将其基本结构和使用方法介绍如下。

马铃薯联合收获机

一、基本构造与作用

其主要工作部件有挖掘部件、分离输送机构和清选机构、输送装车部件等。

（1）挖掘部件主要由圆盘刀、挖掘铲和镇压限深轮等部件组成。圆盘刀主要用来切开挖掘幅宽两边的地表及杂草，这有利于挖掘部件挖掘，减少挖掘阻力；镇压限深轮主要用来对收获机前的地表滚压，粉碎地表土块，配合挖掘铲保证挖掘深度一致，提高挖掘质量，降低损伤率；挖掘铲由主铲和副铲组成，挖掘深度可根据不同土壤条件进行调整，提高机具的适应性。

（2）输送分离部件主要将薯块与土块、茎叶分离。

（3）清选机构主要由排茎辊配合拦草杆和输送链完成除茎功能，然后将茎叶和杂草由夹持输送器排出机器；在清选输送器上，薯块中夹杂的杂物和石块还能被进一步清除。

（4）输送装车部件主要由三节折叠机构、输送链和液压控制系统组成，完成输送装车任务。

二、工作过程

各种马铃薯联合收获机的工作过程大致相同，机器工作时，靠仿形轮控制挖掘铲的入土深度，把挖掘铲挖掘起的块根和土壤送至输送分离部件进行分离，在强制抖动机构作用下，来强化破碎土块及分离性能。

当土块和薯块在土块压碎辊上通过时，土块被压碎，薯块上黏附的泥土被清除，同时，压碎辊还对薯块和茎叶的分离有一定的作用。薯块和泥土经摆动筛进一步分离，送到后部输送器。马铃薯茎叶和杂草由夹持带式输送器排出机器。薯块则从杆条缝隙落入马铃薯分选台，在这里薯块夹杂的杂物和薯块被进一步清除，然后，薯块被送至马铃薯升运器装入薯箱，完成输送装车任务。

三、使用及调整方法

（1）下地前，调节好限深轮的高度，使挖掘铲的挖掘深度在 20cm 左右。在挖用时，限深轮应走在要收的马铃薯秧的外侧，确保挖掘铲能把马铃薯挖起，不能有挖偏现象，否则会有较多的马铃薯损失。

（2）起步时将马铃薯收获机提升至挖掘刀尖离地面 5~8cm，空转 1~2min，无异常响声的情况下，挂上工作挡位，逐步放松离合器踏板，同时操作调节手柄逐步入土，随之加大油门直到正常作业。

（3）检查马铃薯收获机作业后地块的马铃薯收净率，查看有无碎片和严重破皮现象，如马铃薯破皮严重，应降低收获行进速度，调深挖掘深度。

（4）作业时机器上禁止站人或坐人，机器运转时，禁止接近旋转部件，否则可能导致身体缠绕，造成伤害事故；检修机器时，也必须切断动力，以防造成人身伤害。

（5）行走速度可选择慢 2 挡，后输出速度控制在慢速，在坚实度较大的土地上作业时应选用最低的工作速度。作业时，要随时检查作业质量，根据马铃薯生长情况和作业质量，随时调整行走速度与升运链的提升速度，以确保最佳的收获质量和作业效率

（6）作业中，如果突然听到异常响声应立即停机检查，通常是收获机遇到大的石块、树、电线杆等障碍物，这种情况会对收获机造成大的损坏，因此作业前应先查明地块情况再工作。

（7）停机时，踏下收获机离合器踏板，操作动力输出手柄，切断动力输出即可。

四、维护和保养

（1）检查拧紧各连接螺栓、螺母，检查放油螺塞是否松动。

（2）彻底清除马铃薯收获机上的油泥、土及灰尘。

（3）放出齿轮油进行拆卸检查，特别注意检查各轴承的磨损情况，安装前零件需清洁，安装后加注新齿轮油。

（4）拆洗轴、轴承，更换油封，安装时注足黄油。

（5）拆下传动链条检查，磨损严重和有裂痕者必须更换。

（6）检查传动链条是否裂开，六角孔是否损坏，有裂开的应修复。

（7）长期停放时，应停放于室内或室外加盖防雨布；垫高马铃薯收获机使旋耕刀离地，并在旋耕刀、外露齿轮上涂机油防锈。

第七章 粮食烘干机的使用及维护

第一节 我国主要的粮食烘干机分类

按粮食在烘干机内的停留状态可分为 2 种：连续式粮食烘干机和循环式粮食烘干机。

一、连续式粮食烘干机

连续式烘干机有横流、混流、顺流、逆流及顺逆流、混逆流、顺混流等型式，不同型式所适用的粮食也各有不同，比如以小麦为主的粮食产区可选择混流、混逆流连续式烘干机；以玉米为主的产区，可选择顺流连续式烘干机。不同型式价格也有较大的差距，单一流向的价格低，混合流向的价格较高。

连续式顺逆流粮食烘干机，采用多级烘干多级缓苏的烘干工艺技术（表7-1），顺流烘干与逆流冷却相结合的烘干流程。湿粮在烘干机内一次达到安全水分，经冷却后排出机外，粮食可以直接入库保管，而不再需要其他流程。

表 7-1 顺逆流粮食烘干机主要性能指标

项目	指标
干燥不均匀度	降水≤5%：≤1% 降水>5%，≤10%：≤1.5% 降水>10%：≤2%
破碎率增值	小麦、水稻：≤0.3% 玉米：≤0.5%
小麦湿面筋降低值	0
稻谷爆腰率增值	≤2%

（续表）

项目	指标
种子芽率	小麦>80% 稻谷>90% 玉米>80%
玉米裂纹率增值	<20%
烘后色泽、气味	无明显变化

该工艺技术的优点为：

（1）不论处理量和降水幅度如何变化，烘干机均为单台设计，占地面积小，附属设备少，且不增加操作人员的数量。

（2）处理量越大，系统投资总费用与循环式烘干机相比越低，效率高的优势就越明显。

（3）烘后粮食品质好，玉米的裂纹率低、稻谷的爆腰率低、物料破碎率低，稻谷脂肪酸值低，均匀性好。

（4）热源选择范围广，经济实用，运行成本低。

二、循环式粮食烘干机

该机通过对粮食的循环多次干燥，解决了小型粮食烘干机由于烘干时间短而无法对高水分原粮烘干的难题。在该机工作过程中，原粮经过一次烘干后，由于未达到安全水分，利用循环输送系统将排出的粮食重新循环进入烘干机内进行二次烘干，通过对烘干机出口粮食水分的在线检测，实时检测粮食烘后水分，直至粮食达到安全水分才启动排出阀门，将粮食从烘干机排出。该机型主要适用于水稻烘干，含水量较低的玉米可用（表7-2），大水分玉米不可用。

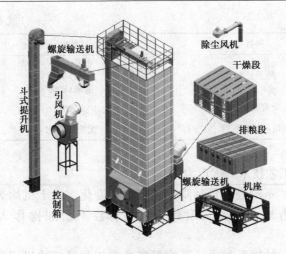

循环式粮食烘干机

表7-2 循环式粮食烘干机主要性能

项目	参数	
规格	15t	30t
物料品种	水稻、小麦、玉米（低水分）	
烘干方式	循环式	
有效容积（m³）	20	40
减干率（%/h）	0.8~1.2	
装机容量	12.35	20.27
燃料种类	燃料、煤、秸秆、木材等	
最大供热量（kcal/h）	150 000	300 000
补贴额度（国补，万元）	2.64	6.03
烘干成本	3分/kg（水稻8%）	3分/kg（水稻8%）

　　低温循环式烘干机采用50℃以下的温度对粮食进行烘干，其全套设备包括：烘干主机、热源（有燃烧生物质燃料的节能

环保型悬浮炉、有高端先进的远红外线干燥机、有烧煤的热风炉、有烧柴油的柴油炉、有烧天然气的燃气炉等热源)、附件(包括提升机、除尘机、清选机、传送带)、入料斗等,根据自动化要求还可以配备湿谷仓、干谷仓、出料仓、自动上料机等设备,同时根据条件还可以建设烘干车间,通过干燥、缓苏、排粮等工序反复循环烘干,达到设计的水分要求。

①湿谷入料斗　③湿谷仓　⑤入湿谷提升机　⑦谷王烘干机　⑨出干谷提升机　⑪出干谷链运机
②湿谷提升机　④粗选机　⑥入湿谷链运机　⑧出干谷链运机　⑩干谷仓　⑫出料仓

低温循环式烘干机

工作原理:单个批次谷物进入干燥机后,通过电器件和结构件的相互配合运行使得谷物在干燥机中进行有序循环,再由热风炉燃烧燃料产生热风,在电动风机的作用下,让热风通过顺流(混流)式干燥层的风道,穿透和加热谷物,通过空气流动带走谷物中的水分,带有水分的废气经过风机的吸力通过管道打出机外,干燥的谷物经过自动在线水分仪检测达预先设定的水分点后,停机,干燥完成。

由于稻谷是一种热敏感作物,干燥速度过快、温度过高都会引起爆腰,使稻谷品质下降,所以低温循环式干燥机是目前各种粮食烘干机中唯一能满足低温干燥和水分控制的设备,受到了稻谷产区,特别是日本、韩国等烘干水平发达的国家和地区的认可。

低温循环烘干工艺流程：

湿粮—缓苏段—烘干段—排粮机构—提升机—进料螺旋—缓苏段—烘干段。

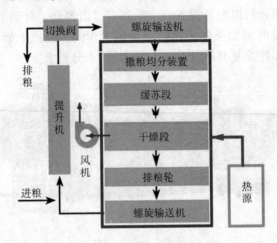

低温循环烘干流程

如此反复循环，每个循环约降低 1% 的水分。当循环烘干到设定的水分时，机器停止烘干。打开烘干机快速出粮门，同时打开烘干机排粮门，由胶带输送机将粮食输出装仓，经汽车衡过磅后，直接输送入库。

第二节　粮食机械化烘干的意义

一、解决自然晾晒存在的问题

（一）产生一级致癌物——黄曲霉毒素

粮食烘干是粮食生产过程中的关键环节，传统的日晒烘干（自然烘干）容易出现烘干不均匀、不及时，导致霉变、发芽变质和抛洒损失，尤其是发热霉变产生黄曲霉毒素对人类危害极大。

黄曲霉毒素是主要由黄曲霉（*Aspergillus flavus*）、寄生曲霉（*A. parasiticus*）产生的次生代谢产物，在湿热地区食品和饲料中出现黄曲霉毒素的概率最高。它们存在于土壤、动植物、各种坚果中，特别容易污染花生、玉米、稻米、大豆、小麦等粮油产品，是霉菌毒素中毒性最大、对人类健康危害极为突出的一类霉菌毒素。2017 年 10 月 27 日，世界卫生组织国际癌症研究机构公布黄曲霉毒素为一类致癌物。

（二）场地难保证，粮食容易被污染

当前土地开发利用率不断提高，作为粮食晒场的空地也越来越少，传统晒粮场地不能保证，致使农民在马路上晒粮，既不安全也很难应对风雨等极端天气。晒出的粮食也容易被马路上的沥青等有毒有害物质污染，影响品质、影响人体健康。

农村常见晒场与占道晾晒

（三）无法对抗极端天气

除了霉变、场地、污染的问题，自然晾晒还要面对天气带来的巨大挑战。一旦出现连阴雨天，辛苦一年的收成不能及时干燥或无法及时从晒场收回，即使收回，谷物的含水率也很高，更容易发生霉变，致使大量的损失。

自然晾晒常因雷雨损失

二、粮食损失

据统计，我国粮食收获后因气候潮湿、来不及晒干或未达到安全储存水分导致在储存、运输、加工等环节出现霉变和发芽变质及在晾晒过程中的抛洒损失，合计可达我国粮食总产量的5%，损失高达350亿kg（按照2016年宁夏粮食总产量370万t，损失约18.5万t），数量十分惊人，直接经济损失200亿~250亿元。

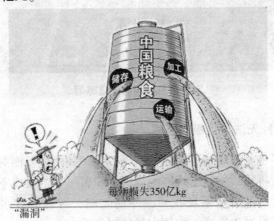

粮食损失示意

三、粮食机械化烘干是解决谷物干燥的主力军

（一）粮食机械化烘干

粮食机械化烘干技术是以机械为主要手段，采用相应的工艺和技术措施，人为地控制温度、湿度，在不损害粮食品质的前提下，降低粮食含水率，使其达到国家安全贮存标准的干燥技术。它除了能有效地防止连绵阴雨等灾害性天气所造成的损失外，还具有减轻劳动强度、提高生产率、提高粮食品质、防止自然干燥对粮食造成的污染等优势。

机械化烘干

（二）发展粮食机械化烘干的意义

一是减轻劳动强度，改善劳动条件，提高劳动生产率，为实现农业现代化、产业化和集约化提供有效手段。

二是提高了粮食品质，增强了耐贮性和加工性。

三是可以防止自然干燥对粮食造成的污染，以及杜绝农民占用公路晾晒造成的交通伤亡事故。

第三节　如何选择粮食烘干机

在选择烘干机时，必须了解物料的品性及其干燥条件。

一、稻谷、小麦、玉米的干燥条件及特点

稻谷的干燥条件及特点：

（1）稻谷是一种热敏性作物，干燥速率过快或工艺参数选择不当容易在干燥过程中产生爆腰。

（2）稻谷籽粒由坚硬的外壳和米粒组成，外壳对稻米起着保护作用，它是一种较难干燥的粮食品种。

稻谷干燥的关键：保证稻谷干燥后的品质，首要任务就是选择合理的干燥条件，保证在干燥冷却后，稻谷的爆腰率不增加或增加很少，严格控制在相应的标准规范以内。

（3）为了解决稻谷烘干后的爆腰率问题，一般采取以下措施：

①采用烘干+缓苏的干燥工艺路线。

②选用合适烘干缓速比：

循环式 $\geqslant 5$　　连续式：混流 $\geqslant 2$　　顺逆流 $\geqslant 3$

③采用较低的干燥热风温度：国家标准推荐 $\leqslant 65℃$。

④限制稻谷的干燥速率。

二、小麦的干燥条件及特点

烘干小麦时，要保证烘干后小麦的工艺品质和使用品质。面粉制品的质量取决于面粉中蛋白质的质量，也就是面筋质的含量和面筋质的质量高低。小麦烘干的关键是要保证小麦在烘干过程中蛋白质不变性，面筋质含量不降低。我们国家相关标准规定，小麦经粮食烘干机烘干后，其面筋降低值为0。要保证小麦在烘干过程中面筋降低值不变，就需要控制小麦烘干过程中的受热温度。不同品质的小麦其受热温度也不尽相同，软

质小麦，受热温度可达到 60℃ 以上；硬质小麦，受热温度不超过 50℃。国家标准推荐：小麦烘干最高热风温度顺逆流干燥为 130℃，横流干燥为 65℃，混流干燥为 80℃。而且，小麦烘干也不需要过大的烘干缓苏比。

三、玉米的干燥条件及特点

玉米为晚秋作物，收获后的玉米含水率最高可达 30% 以上。玉米籽粒大，单位比表面积小，籽粒表皮结构紧密、光滑，不利于水分自籽粒内部向外转移。在高温热风的作用下，由于其表面水分急剧汽化，籽粒表皮之下的水分不能及时转移出来时，籽粒内部压力升高，致使表皮涨裂或发胀变形。试验表明，玉米受热温度高于 60℃，籽粒裂纹就大量增加，品质下降。国家标准规定，玉米粮食烘干机烘干后，其裂纹率增加值不得大于 25%。

玉米烘干一般使用连续式烘干机，多段烘干+多段缓苏的烘干工艺（表7-3），每个烘干段根据玉米水分的不同、热风温度不同，从上往下逐步降低。而且，烘干缓苏比也不需要很大。

表 7-3　玉米烘干热风温度　　（单位:℃）

用途	热风温度		
	顺逆流	混流	横流
饲料	135~155	70~80	65~75
淀粉	115~135	60~70	55~65

四、如何选择烘干机

（一）确定烘干的粮食作物品种

（1）单一物料品种。

（2）以某种物料烘干为主的同时，也烘干其他种类粮食作物。

（3）是否需要同时烘干粮食作物及油料作物。

（二）确定烘干处理量

（1）农户自用时烘干处理量应是灾害天气条件下收获期间内全部收获粮食的数量除以收获的时间。

（2）粮食经纪人、储藏、粮食加工等企业应按照一个收购期间每天的最大收购量计算。

（3）确定烘干处理量是应和物料的降水幅度相对应，必须是在额定降水幅度下的处理量，应按收获稻谷的最大含水率考虑。

（三）确定烘干机的形式及规格

1. 玉米烘干

烘干玉米时，适合选用连续式烘干机，推荐选择多级烘干多级缓苏工艺的机型；不适合选用低温循环式烘干机。

特别注意：确定烘干处理量时，应和物料的降水幅度相对应，必须是在额定降水幅度下的处理量。

2. 稻谷烘干

烘干稻谷时，应选用低温循环式烘干机进行烘干，以保证大米品质，不宜选用连续式烘干机。如对品质要求较低，可选用多级烘干多级缓苏工艺的连续烘干机。

（四）根据使用情况和经济实力选择烘干系统的配置

完整的粮食烘干生产线从进湿粮开始到出干粮，包括了湿粮接收、湿粮清理、湿粮暂存、输送、烘干机、热源系统、粮食的温湿度监测、电气控制、热风炉尾气处理、烘干废气处理、干粮暂存等各个系统和设施，整个工艺路线全封闭无缝连接，功能齐备完备。我们可以根据自已的使用情况和经济实力选择烘干系统的配置。

（五）根据环保要求和烘干作业成本选择热源形式

粮食烘干作业的最主要成本是燃料消耗成本，同时燃料燃烧所产生的废气也是烘干机作业时所产生的最主要的污染源。烘干机的热源所需的燃料种类目前有以下几种，可根据环保要求和烘干作业成本选择。

生物质燃料（稻壳、农作物秸秆、沼气等）：清洁无污染，使用成本较低。农作物秸秆只适用于小型烘干机，大米加工企业可尽量使用稻壳燃料。

清洁燃料（天然气）：成本高，清洁无污染，使用方便。

电能（热泵）：投资和使用成本高，清洁无污染，控温准确，使用方便。受输配电的影响，只能用于小型烘干机。可使用于种子烘干。

蒸气：成本高，清洁无污染，使用方便。

燃煤：成本最低，有污染。

（六）优先选用能够享受国家农机购置补贴的产品

近年来，国家不断加大对农业机械化发展的投入，粮食烘干机已被列入国家农机购置补贴目录。优先选择享受农机购置补贴的产品，一方面此类产品已经过省级以上的农机鉴定机构测试检验，产品性能和质量有保证；另一方面获得农机补贴资金能够大大降低农机购买成本。

（七）产品质量和服务保障能力

农业生产鲜明的季节性决定了农业机械产品也具有极强的时效性特征，因而产品质量和售后服务已经成农机产品价值链的关键环节。对于烘干机产品而言，由于其使用季节几乎与农作物收获季节重合，时间紧作业负荷大，其售后服务的重要性更显而易见。了解售后服务有以下方法可供参考：

①企业实力。一般来看，综合实力强的企业具备足够的服务保障能力，而且他们一向珍视企业品牌信誉，因此要选择综合实力强的企业。

②企业发展历史。看企业品牌的生产经营历史，时间越长，风险越低。

③以往客户评价。当今网络时代，信息资讯非常发达，只要用心，每个企业及其品牌表现如何，总能在互联网上查阅得到。

第四节　干燥机及热源主要故障及其排除方法

一、干燥机主要故障及其排除方法（表7-4）

表7-4　干燥机故障原因及排除

故障现象	原因分析	排除方法
排粮轮转动异常，有异响	积灰、草，或有硬质杂物进入	清除杂物和积草
	轴承损坏	更换轴承
	排粮轮键销损坏	更换键销
干燥时间过长	热风炉长期没有清理	清理热风炉内积灰
	排风管道阻力过大	清理排风管道，保持排风管道畅通
	排粮轮与圆弧板杂草堆积较多，影响流动效果	把抽风机打开，在相应部位观察孔用圆钢或棍棒通灰或草
	干燥层内网板孔积灰过多，造成堵塞	
	谷物含水率过大	增加循环通风时间
接通控制箱电源后，控制面板什么也不显示	控制面板电源插座可能没有插好	及时插好电源
	电源总开关没有打开	打开总电源开关
	控制箱内保险装置断开	闭合保险装置

（续表）

故障现象	原因分析	排除方法
接通控制箱电源主机仍然没有启动	急停开关状态	将急停开关复位
起运各部件，电机未运转	检查电源接头是否松动	用螺丝刀拧紧接头
	检查电源线是否断裂	更换电源线
驱动链条不能运转	检查链条是否掉落、是否太松	上好链条，添加润滑油脂
	检查电源线是否松动或断裂	拧紧电源接头或更换新电源线
提升机和下搅龙电机过载停止	检查提升机是否堵料	清理提升机内部存料
	下搅龙堵料	清理下搅龙内部存料
撒粮盘减速器漏油	减速器密封圈损坏	更换密封圈
提升机及上、下搅龙轴承有异响或过热	轴承损坏	更换轴承
	轴承不同心	调整同心度或整体更换
	轴承跑内圆	调整轴承位置
畚斗带和筒体摩擦	畚斗带太松致使跑偏	调整张紧机构
	提升机机头位置不正	调整提升机机头位置

二、热风炉主要故障模式及其排除方法（表7-5）

表7-5　热风炉故障及排除

故障现象	原因分析	排除方法
温度不显示或温度不受控制	电源、温控仪、感温棒故障	检查电源是否损坏；检查温控仪或感温棒是否损坏
温度达不到	燃料不足、顶部及两侧维修门密封条破损热气外泄、热风管道不密封漏冷空气、冷风入口堵塞、换热器管道里面积灰、感温棒位置偏离	添加燃料；更换密封条；用保温棉包裹热风管道；清除换热管道积灰；清理冷风入口；清理换热管道积灰；将感温棒重新固定

（续表）

故障现象	原因分析	排除方法
电机不能转动	电源线路不通、电机烧坏	检查电源线是否接通；维修或更换电机
电机外壳带电	电机受潮、绝缘老化或引出线碰壳	电机除潮；重新接线；更换电机
风机振动、异响	叶片旋转时碰撞外壳、紧固螺栓松动、润滑油不足、轴承损坏、叶片积灰	校正或更换叶片；拧紧连接螺栓；添加润滑油脂；更换轴承；清理叶片积灰
无送风或风速过小	风机反转或风机卡死	按风机使用说明书正确接线；检查管道是否堵塞

第五节　粮食烘干机防火措施

近年来，随着钢结构粮食烘干塔先后建成投产，大大缓解了烘干能力不足的矛盾。但是在设备使用中，烘干塔失火的现象频繁发生，不仅造成经济上的损失，而且给粮库的安全带来了威胁，造成了负面影响。

一、酿成火灾的基本条件

粮食烘干塔失火必须具备三个基本条件，首先要有可燃物。装填在烘干塔内的颗粒状粮食，虽不是易燃物品，但属于可燃物，尽管含水量比较高、排布密集、空隙较小，当满足一定条件后，由碳、氢、氧等元素组成的化合物完全能释放出较高的热量。其次是具备助燃条件。所谓助燃就是给燃烧物源源不断地提供氧气，烘干塔之所以能够对潮湿粮食进行烘干，主要借助于温度适宜的热风，当热风机正常工作时，也将大量的含氧热空气送进了烘干机，所以，烘干机内部助燃条件良好。

再次是要达到燃点温度。在一般情况下，含安全水分（14.5%左右）的原粮，其燃点温度约为 280~300℃，而含水量高于14.5%的原粮，燃点温度则相应提高。只有满足了以上三点，才有可能发生火灾。

二、常见的着火部位

近几年建造的粮食烘干塔大多为单塔多段全钢结构的露天建筑，高度为 18~27m，根据热风与粮食流向的相互关系，主要有错流式、顺流式和混流式烘干机。尽管三者在工艺上有所不同，但都是以间接加热空气作为热源，依靠粮食的自重，在做垂直运动过程中与热风进行热交换作用。从发生火灾的统计情况看，三者的概率接近，错流式稍大于顺流式，顺流式稍大于混流式。从烘干机结构上分析，着火的部位较多数出现在烘干段的下部（此时粮食含水量已明显降低，粮食温度升高），其次是烘干段的中部（烘干水稻时容易出现，因水稻的含水量较低，热容量小于玉米），再者是出现在废气室内。

三、诱发着火的直接原因

从烘干机火灾实例看，概括起来有以下几点：

（一）原粮入塔时清杂不彻底

来自农户的原粮，杂质含量各不相同，就玉米中夹杂的有机杂质而言，包括玉米的芯、缨须和苞叶，还有秸秆和麻线头，由于清杂筛的性能不佳，或者原粮流量超过了它的额定产量，清杂效果明显下降，正是这种有机杂质进入烘干塔之后，带来了隐患。一般来说，常温下含水量 14.5%~30% 的粮食热容量为 0.461~0.559kcal/kg·℃，水的热容量为 1kcal/kg·℃，而有机杂质含水量低，热容量为 0.185~0.250kcal/kg·℃，远远小于原粮，其燃点温度仅为 260~280℃，在相同条件下首当其冲，率先起火。

（二）塔内存在滞留物

原粮由提升机送入烘干塔顶部入粮口之后，将按照其自动分级的物理特性，撒落在储粮段，成熟度越好，密度越大的粮食越聚集在中央，相反，质量差的粮食和有机杂质则趋于四周。烘干塔内的粮柱在垂直下降运动的过程中，先后与筛网板，或导粮漏斗、角状管、换向器等部位进行热交换，质量好的粮粒顺利通过，质量差的瘪粒和杂质下降缓慢，出现挂壁，甚至发生滞留。长此以往，在塔内埋下隐患，当积温越来越高，达到燃点温度时，产生自燃。

（三）热风中夹带火星

目前粮食烘干塔的供热部分，都是以机烧热风炉燃烧普通烟煤，燃烧后产生的热烟气经过换热器将空气间接加热，再由风机将热空气吹入或者吸入到烘干塔内，作为粮食降水的热源。在正常的情况下，为保证粮食的品质，热风温度一般稳定在 130~140℃，最高时的瞬间温度也不会超过 150℃，由于原粮本身温度低、含水量较高，在这种温度下，即便经过 5h 左右的运动流程，含水量从 30% 下降到 14.5%，粮温也绝不会超过 50℃。应该说整个系统内是安全的。

那么，热风中夹杂的火星是何物？它又来自何处？据现场实测后分析，有两种情况：

一是换热器有局部泄漏。由金属制作的换热器，无论是列管式还是平板式的，其作用不仅是将烟火与外界相隔离，又将烟气中的热量最有效地传递给外界的空气，由于换热器在常压下工作，属非压力容器，制作过程中一般不经打压和探伤测试，当使用一个阶段之后，焊接的疏漏部分和材质的薄弱环节受高温灼烧氧化，出现缝隙或漏孔，换热器内的燃烧煤粉

（火星）就会摆脱换热器的束缚，窜出空隙，随着热风进入到烘干塔内。

二是回收的废热气中有可燃物。为降低煤耗，提高热效率，常见的烘干塔都设有废热回收系统。通常将塔内干燥段下部或第二干燥段和冷却段的热空气进行收集，再由风机将其送回到换热器进口。由于有效地利用了仍具有载湿能力的废热气，热效率提高了约 10%，这是有利的一面，可是因为收集部位的废热气湿度较低，空气中含有相当数量的悬浮物体，主要由玉米苞叶、稻壳、稻芒和细小杂草等，如果未得到充分的沉降，这些可燃物随着热风机进入换热器，立即被烤着，变成流动的火星窜入烘干塔内，这是十分不利的一面。热风中夹带的火星，虽然颗粒小，但是危险性非常大，一旦沾上滞留在烘干室的有机杂质，就像点燃了导火索，火种迅速蔓延，在热风供氧助燃条件下，导致粮食失火。

四、烘干塔失火的紧急处理办法

烘干塔失火初期，往往只是局部火种的蔓延，不易被察觉，如果从粮温监视仪表中发现温度异常，或者在烘干作业现场闻到焦煳味，要立即停止热风机送风，同时停止燃炉加煤和炉底鼓风，判断着火部位，迅速开启排粮电机，以最大流量和最快速度将塔内焦煳粮排出。操作人员要保持镇静，严守排粮岗位，准备钢扦和炉钩将燃烧结块的炭化粮顺利取出，立即在现场用灭火器将余火扑灭，以防火情扩散。烘干塔建筑较高，而且四周装有保温钢板，不宜采取浇水的灭火措施。待火情排除后必须进行全面检查，确保塔内不留火种、设备无故障才能恢复运行。

五、预防烘干塔失火的基本措施

粮食烘干车间是防火重地，对于整个粮库的安全生产关系重大。从前面谈到的酿成火灾的三个基本条件分析，粮库要保证粮食烘干机的正常工作，又要避免失火，前两项条件自然是不可缺少的，我们只有严格把握好第三个条件，也就是说，掌握被烘干粮食的特点，使粮食远离燃点温度，才能防患于未然。具体说，应该做到以下几点：

（1）加强原粮清杂。清杂过筛是粮食烘干的第一道工序，作用十分重要。除了清除大型杂质之外，还必须有效地清除小型有机杂质，如玉米芯、玉米须子、水稻芒、杂草和麻线头等，否则进入烘干机后，就如同"病从口入"一样，成为火灾的隐患。建议在滚筒筛之前，再加一道溜筛，同时在清杂工序设专人把关，随时注意设备的正常运行，以提高清杂效果。

（2）坚持定期清塔。烘干塔投入运行后，一般都是连续作业。随着烘干量的增加，小型有机杂质的挂壁累积和碎粮瘪粒滞留现象也将不可避免地发生。每天白班操作人员接班后，必须暂停冷热风机，进入塔内做一次检查，及时排除异常现象。每周停塔半天时间，进行一次清塔整理，重点部位是干燥段、倒换段以及角状管两端的死角，再将废气室内积存的轻型杂质清理干净。"磨刀不误砍柴工"，有安全作为前提，恢复烘干作业后，很快就能将时间补回来。

（3）适时监视火情。目前烘干塔配备的热风炉，大多采用自动进煤、机械化燃烧排渣系统，以保证炉温和风温的稳定。每当更换燃煤品种时，要根据发热值和有关参数，及时调整燃煤层厚度和鼓风速度，充分利用与烘干塔配套的温度监控仪表，结合观察炉火情况，切忌炉温和风温偏高。要适时通过热风管道的玻璃视镜，检查热风中是否夹带火星，一旦发现火星，立即关闭热风机，掐断通往烘干塔的"导火索"，寻找火星来源，重点检查第一组换热器。排除故障后方可恢复生产。若无视镜，建议用户自行配置，花钱不多，非常实用。

（4）建立并严格执行安全管理制度。在粮库中，烘干塔作业的季节性比较强，正常年景时每年仅使用 100 ~ 120d，烘干量为 20 000 ~ 30 000t，即使在如此短的时间内，因管理不善，一台烘干塔每年失火在 1 ~ 2 次的情况不属罕见，一次火灾少则损失 2 ~ 3t，多则近 10t 粮食，严重者钢架烧红、变形倒塌，整塔粮食炭化窜烟，甚至威胁粮库安全，所以必须强化烘干塔的管理。首先要实行持证上岗，未经培训合格者不得聘用；其次必须配备有责任心和实践经验的粮库职工担任塔长和班长，烘干塔作业人员必须保持相对稳定，严格执行生产操作规程和管理制度；再次是在烘干作业过程中，随时掌握各种设备的安全状况，切忌带病运行，对出现火灾的萌芽，必须排查，坚决消除侥幸心理，做到不安全不生产。

第六节　粉尘爆炸

除了预防烘干塔着火，还有另一个危险就是粉尘爆炸。粮食烘干过程中会产生大量粉尘，在一定的条件下极易发生粉尘爆炸。粉尘爆炸，指可燃性粉尘在爆炸极限范围内，遇到热源（明火或高温），火焰瞬间传播于整个混合粉尘空间，化学反应速度极快，同时释放大量的热，形成很高的温度和很大的压力，系统的能量转化为机械能以及光和热的辐射，具有很强的破坏力。

爆炸特点：

（1）多次爆炸是粉尘爆炸的最大特点。

（2）粉尘爆炸所需的最小点火能量较高，一般在几十毫焦耳以上。

（3）与可燃性气体爆炸相比，粉尘爆炸压力上升较缓慢，较高压力持续时间长，释放的能量大，破坏力强。

主要危害：

（1）具有极强的破坏性。

（2）容易产生二次爆炸。第一次爆炸气浪把沉积在设备或地面上的粉尘吹扬起来，在爆炸后的短时间内爆炸中心区会形成负压，周围的新鲜空气便由外向内填补进来，形成所谓的"返回风"，与扬起的粉尘混合，在第一次爆炸的余火引燃下引起第二次爆炸。二次爆炸时，粉尘浓度一般比一次爆炸时高得多，故二次爆炸威力比第一次要大得多。

（3）能产生有毒气体。毒气的产生往往造成爆炸过后的大量人畜中毒伤亡，必须充分重视。

因此，粮食烘干过程中粉尘处理也是一个必须重视的问题。

第八章　畜牧机械：铡草机、饲料粉碎机的使用及维护

第一节　铡草机

一、铡草机的简介

铡草机的定义：铡草机是以玉米秸秆、麦秸、稻草等农作物为处理物料，通过铡、切等机械粉碎，生产适用于畜牧养殖牛、羊、马、鹿饲料的饲料加工设备。

工作原理：由电机作为配套动力。将动力传递给主轴，主轴另一端的齿轮通过齿轮箱、万向节等将经过调速的动力传递给压草辊，当待加工的物料进入上下压草辊之间时，被压草辊夹持并以一定的速度送入铡切机构，经高速旋转的刀具切碎后经出草口抛出机外。

另外一种是拖挂式的，也就是在拖拉机上拖挂的，是由柴油机作为动力的。

产品参数：产品有 0.4t/h、1t/h、1.5t/h、2t/h、3t/h、5t/h、8t/h、10t/h、12t/h。同时可以根据客户需要进行订做。

二、铡草机的分类

铡草机产品主要分为大型、中型、小型三种，大型机器主要是青贮切碎机，以铡切青玉米秸为主；而中、小型机器以铡切玉米秸、谷草、稻草为主，但均以电动机或柴油机作为动力，以电动机作为动力的又分为单相和三相；铡草机的结构形式分为圆盘式和筒式两种。近几年，随着各地的实际需要，该

类产品由过去单一的铡草机又派生出了铡草粉碎机、铡草揉搓机等多功能的机型；在南方又出现青饲料切碎机。不管铡草机如何称谓，其结构原理一样，均是以电动机为动力带动装有利刃的刀轮旋转，实现铡草作业，因此该类机具的安全性极为重要，应引起生产者、销售者和用户的高度重视。

三、如何选择铡草机

选购铡草机应注意以下几点：

（1）应选购有一定生产历史、具有一定生产规模的企业生产的产品和名牌企业生产的产品。

（2）应选购经权威部门检验或技术部门鉴定的产品。

（3）在选购时应注意随机文件（包括使用说明书、产品合格证、产品三包凭证）是否齐全。

（4）应选购安全性高（有安全防护装置及安全警示标志）、外观和内部质量好的产品，价格适中，不能只图便宜，选购那些价格低廉的产品。

（5）选择看外观，虽然说买机器不像买衣服，时尚、大方、漂亮为主，但是，一款外观不怎么样的设备，也难得主人芳心，也能够证明，生产厂家也不怎么在乎自己机器的外在形象给自己带来的影响，也必定不是一个让人放心买产品的生产厂家。所以，从外观来看，整体上一定要合乎买家的意愿！

（6）看装配，铡草机的制作材料，是否为钢结构；各个焊接口是否焊接均匀、光滑，是否有偷工减料的行为，例如漏焊等；是否焊接不好，有烧穿现象？各个部位的螺栓是否拧紧？是否有漏螺栓现象，小问题最容易被人们忽视，往往会带来恶劣的后果！料辊传送轴最好选用的是万向联轴节，因为其结构紧凑，运转灵活，且拆装比较方便！还有最后一点：铡刀怎么样？是几个铡刀？因为铡刀数目不同，铡出来的材料长度不一，所以这个一定得搞清楚！

（7）看安全设备，买机器一定要想到安全问题，安全问题不可忽视！铡草机必须设计有保险装置，不能有啃刀事故发生。而且喂入口距刀轴轴线的距离也要仔细观察清楚：生产能力小于 400kg/h 的这个距离不得小于喂入口宽度的 3 倍；生产能力大于 400kg/h 的距离不得小于 450mm；生产能力大于2 500 kg/h 的必须安装自动喂入装置和过载保护装置。

（8）看配套动力和可移动性。现在的铡草机配套动力多种多样，买机器的时候要问清楚，最好选用那些配套动力多样的铡草机，既可以配电动机，也可以配柴油机，还可以配拖拉机，因为对于那些电力缺乏地区，有了多样性的配套动力就方便多了。再一个就是，您是否需要移动这台机器，还是固定到某个合理的操作空间，买机器的时候都是可以跟厂家协商解决的！

四、铡草机的操作

（一）安全防护

（1）各旋转部件及喂入口处应有防护装置（见下图）。采用金属网防护装置时，网孔尺寸应符合 GB 23821 的规定。

（2）有喂入辊。喂入辊边缘与喂入口防护罩的水平距离应符合下列要求：

1）生产率不大于 0.4 t/h 时，L 应不小于喂入口宽度的 3 倍；

2）生产率大于 0.4 t/h 时，L 应不小于 550 mm；

3）凡采用能满足喂入安全的其他机构时，L 不受限制。

（3）生产率大于 0.4 t/h 时，喂入机构应有离合装置。生产率大于 2.5 t/h 的铡草机，应设自动喂入和过载保护装置。

（4）上机壳应有锁紧装置。

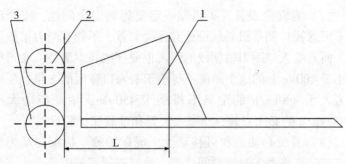

1—喂入口防护罩；2—上喂入辊；3—下喂入辊

喂入辊边缘与喂入口防护罩的水平距离

动、定刀片紧固件的机械性能等级应符合 GB/T 3098.1 和 GB/T 3098.2 的规定，螺栓（钉）应不低于 8.8 级；螺母不低于 8 级，并有防松装置。安装后，其扭力力矩应符合表 8-1 的规定。测定紧固件扭紧力矩时，先拧紧后在装配位置上打标记，然后放松约 1/4 圈，用扭矩扳手拧回到打标记位置，此时扭矩扳手测得的数值即为此时紧固件的扭紧力矩。

表 8-1　动、定刀片紧固件扭紧力矩值

公称尺寸	扭紧力矩（N·m）	扭紧力矩公差值（%）
M6	11.5	
M8	30	
M10	50	20
M12	90	
M16	225	
M20	435	

（二）安全信息

1. 安全标志

在喂料口、排料口、防护装置等对操作者有危险的部位，应有醒目的安全标志，安全标志应符合 GB 10396 的规定。

2. 安全使用说明

产品使用说明书中应有详细的安全使用规定，其内容包括：

（1）开机前应仔细阅读使用说明书。

（2）开机前按使用说明书的规定进行调整和保养；检查各紧固件是否拧紧，刀轮转向是否与规定的方向相同，上机壳是否锁住等。

（3）工作场地应宽敞，并备有可靠的防火设施。

（4）应根据铭牌规定选用电动机。不准随意提高主轴转速，不准随意拆掉各部位的防护装置。

（5）更换动、定刀片的紧固件时，不得用普通紧固件代替。

（6）作业时如发生异常声响应立即停机检查，禁止在机器运转时排除故障。

（7）未掌握安全使用规则的人不准单独作业。

（8）禁止未成年人及酒后、带病或过度疲劳人员开机作业。

（9）操作者喂料时，应站在喂料口的侧面，以防硬物从喂料口飞出伤人；操作者及旁观者不应站在切刀旋转方向及排料口处。

（10）无机械喂入装置的青饲料切碎机应配置非金属手持式推料板。

五、铡草机的维修与保养

（1）经常检查各紧固件有无松动，并予拧紧。

（2）加强对轴承座、联轴节、传动箱的维护保养，定时加注或更换润滑油、脂。

（3）对切割间隙可调的铡草机，要根据作物茎秆的粗细合理调整切割间隙,保证铡草机正常工作。

(4)发现刀片刃口磨钝时,应用油石对钝刀片进行磨刃。

(5)每班作业完毕,应及时清除机器上的灰尘和污垢;每季作业结束后,应清除机器内杂物,在工作部件上涂上防锈油,置于室内通风干燥处。

使用注意事项:

(1)铡草机作业时,安全防护设备必须齐全。

(2)操作人员要充分了解机器性能,严禁酒后、带病或过度疲劳时开机作业,工作时人和物不得靠近运转部位。

(3)未满16周岁的青少年及未掌握机器使用规则的人不准单独作业。

(4)铡草机的工作场地应宽敞,并备有防火器材。

(5)喂草时,操作者应站在喂料斗的侧面,严禁双手伸入喂料斗的护罩内。同时要严格防止木棒、金属物、砖石等误入机内,以免损机伤人。

(6)严禁刀盘倒转。

(7)铡草机必须在规定的转速下工作,严禁超速、超负荷作业。

(8)更换动、定刀片的紧固件时,必须用8.8级螺栓以及8级螺母,不得用低等级的螺栓、螺母代替。

(9)工作时如发现异常响声,应立即停机检查。检查前必须切断动力,禁止在机器运转时排除故障。

(10)物料喂入量应适当,过多易造成超载停转。当然也不能过少,过少会影响铡切效率。

(11)停止工作前,应先把变位手柄扳至0位,让机器空转2min左右,待吹净机内的灰尘、杂草后再停机。

第二节　饲料粉碎机

一、饲料粉碎机的简介

饲料粉碎机主要用于粉碎各种精饲料和各种粗饲料，饲料粉碎的目的是增加饲料表面积和调整粒度，增加表面积即提高了适口性，且在消化道内易与消化液接触，有利于提高消化率，使动物更好吸收饲料营养成分。

饲料粉碎机

随着新能源不断开发，秸秆利用成为新的项目之一，如锅炉喷燃、秸秆气化、发酵处理、秸秆还田、草类加工企业、饲料加工户、秸秆饲料厂、颗粒饲料加工户、生物电厂、牛羊饲养户、秸秆碳厂、密度板、秸秆造门、秸秆炭、秸秆板材、饲料等。秸秆利用在诸多的项目展现出了巨大的发展潜力。曲阜鑫绿金采用独创的双级粉碎机技术，能快速将各种农作物秸秆、树枝、棉秆、玉米秸、麦秸、稻草、花生秧、地瓜秧、高粱、地瓜干、碎豆饼、干豆秸等粉碎，无须人工抱料；人工预加工更不需要机手在进料口用手喂料，克服了以往粉碎机喂料困难、危险、人工费用高、效率低等缺点，只需用棍挑、杈翻；机械抓草机整捆上料，机械化皮带输送机输送等各种人工；机械加料方式。在距离特制粗破碎仓一米外直接将整捆的物料投入破碎仓，通过秸秆自动进料，经粗加工后自动进入粉碎室进行二次粉碎，加工范围 1~30mm，原材料长短不受限制，是目前国内最先进的糠粉加工设备，加工速度每小时800~5 000kg，配套动力 18.5~45kW。

饲料原料的粉碎是饲料加工中非常重要的一个环节，通过粉碎可增大单位质量原料颗粒的总表面积，增加饲料养分在动物消化液中的溶解度，提高饲料的消化率；同时，粉碎原料粒度大小对后续工序（如制粒等）的难易程度和成品质量都有着非常重要的影响；而且，粉碎粒度的大小直接影响着生产成本，在生产粉状配合饲料时，粉碎工序的电耗约为总电耗的50%~70%。粉碎粒度越小，越有利于动物消化吸收，也越有利于饲料粉碎机制粒，但同时电耗会相应增加，反之亦然。我国每年粉碎加工总量达 2 亿多吨。饲料粉碎机作为饲料工业的主要装备，对饲料质量、饲料报酬、饲料加工成本的形成是一个重要因素。所以，恰当地掌握粉碎技术、选用适当的粉碎机型是饲料生产不可忽视的问题。

二、饲料粉碎机的分类

折叠对辊式是一种利用一对作相对旋转的圆柱体磨辊来锯切、研磨饲料的机械，具有生产率高、功率低、调节方便等优点，多用于小麦制粉业。在饲料加工行业，一般用于二次粉碎作业的第一道工序。

折叠锤片式是一种利用高速旋转的锤片来击碎饲料的机械。它具有结构简单、通用性强、生产率高和使用安全等特点。

折叠齿爪式是一种利用高速旋转的齿爪来击碎饲料的机械，具有体积小、重量轻、产品粒度细、工作转速高等优点。

三、如何选择饲料粉碎机

（一）根据生产能力选择

一般粉碎机的说明书和铭牌上，都载有粉碎机的确定生产能力（kg/h），但应注意几点：

（1）所载额定生产能力，是指特定状态下的产量，如谷类饲料粉碎机，是指粉碎原料为玉米，其含水量为储存安全水分（约13%），筛片筛孔直径为1.2mm。因为玉米是常用的谷物饲料，直径1.2mm孔径的筛片是常用的最小筛孔，此时生产能力弱。

（2）选定粉碎机的生产能力应略大于实际需要的生产能力，否则将会加大锤片磨损、风道漏风等导致生产能力下降，影响饲料的连续生产供应。

（二）根据粉碎原料选择

以粉碎谷物饲料为主的，可选择顶部进料的锤片式粉碎机；以粉碎糠麸谷麦类饲料为主的，可选择爪式粉碎机；如果要求通用性好，以粉碎谷物为主，并兼顾谷和秸秆，可选择切向进料锤片式粉碎机；粉碎贝壳等矿物饲料，可选用贝壳无筛式粉碎机；如果用作预混合饲料的前处理，要求产品粉碎的粒度很细又可根据需要能进行调节的，应选用特种无筛式粉碎机等。

（三）根据排料方式选择

粉碎成品通过排料装置输出有三种方式：自重落料、负压吸送和机械输送。小型单机多采用自重下料方式以简化结构。中型粉碎机大多带有负压吸送装置，优点是可以吸走成品的水分，降低成品中的湿度而利于贮存，提高粉碎效率10%～

15%，降低粉碎室的扬尘度。

（四）根据配套功率选择

机器说明书和铭牌上均载有粉碎机配套电动机的功率千瓦数。它往往表明的不是一个固定的数而是有一定的范围。例如9FQ-20型粉碎机，配套动力为7.5~11.CkW；9FQ-60型粉碎机，配套动力为30~40kW。这有两个原因：一是所粉碎原料品种不同时所需功率有较大的差异，例如在同样的工作条件下，粉碎高粱比粉碎玉米的功率大一倍；二是当换用不同的筛孔时，对粉碎机的负荷有很大的影响。所以，9FQ-60型粉碎机使用直径1.2mm筛孔的筛片时，电机容量应为40kW。换用直径2mm筛孔的筛片时，可选用30kW电机，直径3mm筛孔则为22kW电机，否则会造成某种程度的浪费。

（五）根据节能情况选择

粉碎机的能耗很大，在购买时，应考虑节约能源。根据有关部门的标准规定，锤片式粉碎机在用筛孔直径1.2mm的筛片粉碎玉米时，每度电的产量不得低于48kg。国产锤片式粉碎机每度电的产量已大大超过上述规定，优质的已达每度电70~75kg。粉碎机的配套功率机器说明书和铭牌上均标有粉碎机配套电动机的功率kW数。标明的功率kW数往往不是一个固定的数而是一个范围，例如9FQ-20型粉碎机配套9FZ-42型饲料粉碎机动力为7.5~11kW；9FQ-60型粉碎机配套动力为30~40kW。

这有两个原因，一是所粉碎原料品种不同时所需功率有较大的差异，例如在同样的工作条件下，粉碎高粱比粉碎玉米的功率大一倍；二是当换用不同筛孔时，对粉碎机的负荷有很大的影响。9FQ-60型粉碎机使用筛孔直径1.2mm的筛片时，电机容量应为40kW；换用筛孔直径2mm的筛片时，电机容量应为 30kW；换用筛孔直径 3mm 的筛片时，电机容量应为 22kW，否则会造成一定的浪费。

根据有关部门的标准规定，锤片式粉碎机在粉碎玉米用直径 1.2mm 筛孔的筛片时，每度电的产量不得低于 48kg。优质的已达每度电 70~75kg。

（六）根据粉尘与噪音选择

饲料加工中的粉尘和噪音主要来自粉碎机。选型时应对此两项指标予以充分考虑。如果不得已而选用了噪声和粉尘高的粉碎机，应采取消音及防尘措施，改善工作环境，有利于操作人员的身体健康。

四、饲料粉碎机的操作

（1）粉碎机长期作业，应固定在水泥基础上。如果经常变动工作地点，粉碎机与电动机要安装在用角铁制作的机座上，如果粉碎机用柴油作动力，应使两者功率匹配，即柴油机功率略大于粉碎机功率，并使两者的皮带轮槽一致，皮带轮外端面须在同一平面上。

（2）粉碎机安装完后要检查各个紧固件的紧固情况，若有松动须拧紧。

（3）要检查皮带松紧度是否合适，电动机轴和粉碎机轴是否平行。

（4）粉碎机启动前，先用手转动转子，检查一下齿爪、锤片及转子运转是否灵活可靠，壳内有无碰撞现象，转子的旋向是否与机上箭头所指方向一致，电机与粉碎机润滑是否良好。

（5）不要随便更换皮带轮，以防转速过高使粉碎室产生爆炸，或转速太低影响工作效率。

（6）粉碎台启动后先空转 2~3min，没有异常现象后再投料工作。

（7）工作中要随时注意粉碎机的运转情况，送料要均匀，以防阻塞闷车，不要长时间超负荷运转。若发现有振动、杂音、轴承与机体温度过高、向外喷料等现象，应立即停车检查，排除故障后方可继续工作。

（8）粉碎的物料应仔细检查，以免铜、铁、石块等硬物进入粉碎室造成事故。

（9）操作人员不要戴手套，送料时应站在粉碎机侧面，以防反弹杂物打伤面部。

五、饲料粉碎机的维修与保养

（1）及时检查清理。每天工作结束后，应及时清扫机器，检查各部位螺钉有无松动及齿爪、筛子等易损件的磨损情况。

（2）加注润滑脂。最常用的是在轴承上装配盖式油杯。一般情况下，只要每隔 2h 将油杯盖旋转 1/4 圈，将杯内润滑脂压入轴承内即可。如是封闭式轴承，可每隔 300h 加注 1 次润滑脂。经过长期使用，润滑脂如有变质，应将轴承清洗干净，换用新润滑脂。机器工作时，轴承升温不得超过 40℃，如在正常工作条件下，轴承温度继续增高，则应找出原因，设法排除故障。

（3）仔细清洗待粉碎的原料，严禁混有铜、铁、铅等金属零件及较大石块等杂物进入粉碎室内。

（4）不要随意提高粉碎机转速。一般允许与额定转速相差 8%~10%。当粉碎机与较大动力机配套工作时，应注意控制流量，并使流量均匀，不可忽快忽慢。

（5）机器开动后，不准拆开看或检查机器内部任何部位。各种工具不得随意乱放在机器上。当听到不正常声音时应立即停车，待机器停稳后方可进行检修。

六、常见故障

常见故障一：粉碎时出现工作无力、启动、通电等故障。

检修方案：这种情况一般可自行检修。首先检查电源插座、插头、电源线有无氧化脱落、断裂之处，若无则可插上电源试机，当电机通电不转动，用手轻拨动轮片又可转动时，即可断定是该机的两个启动电容中有一个容量失效所致。这种情况下一般只有换新品。

常见故障二：通电不转动，施加外力能转动但电机内发出一种微弱的电流响声。

检修方案：这种情况一般是启动电容轻微漏电所致。若电流响声过大，电机根本不能启动，断定是启动电容短路所致（电机线圈短路则需专业修理）。在无专业仪器的情况下，可先取下电容（4uF/400V），将两引线分别插入电源的零线和火线插孔中给电容充电，然后取下将两引线短路放电。若此时能发出放电火花且有很响的"啪"声，说明该电容可以使用；若火花和响声微弱，说明电容的容量已经下降，需换新或再加一个小电容即可。若电容已经损坏短路就不能用此法，而且必须用同规格新品替换即可修复。

七、安全技术要求

（一）折叠安全设计

（1）粉碎机的设计应符合本标准的规定。

（2）各零部件的联接方式应牢固可靠，保证不因振动等情况而产生松动。

（3）防护装置。

1）外露的转动部件必须有防护装置，防护装置的网孔应保证人体任何部位不会接触转动部件。

2）防护装置应有足够的刚度，保证人体触及时不产生变形或位移。

（4）喂料口。

1）人工喂料的青、粗饲料（青草、水浮莲等水生植物类及麦秸、玉米秆、山芋藤等秸秆类、藤类）粉碎机的喂料斗长度不得小于500mm；喂料斗平台高度应为700～1 100mm。

2）人工喂料的谷物类（麦类、大豆、玉米、地瓜干、碎豆饼等）粉碎机应安装可控制物料流量的颗粒料斗。

3）系统自动喂料的粉碎机必须配有防止磁性金属异物进入粉碎室的保护装置。

4）人工喂料的粉碎机的喂料口处应有"粉碎机工作时严禁将手伸入"的警示标志。

（5）粉碎机应装有在打开粉碎室门或粉碎室门未关闭到位时，保证电动机不能启动的联锁装置（单独使用的功率小于185kW的小型粉碎机不作规定，但制造单位应在使用说明书中提出明确的警示）。

（6）粉碎机应有过载保护装置、接地标志。单独使用的出厂时不配电气控制箱的小型粉碎机，制造单位应在使用说明书中加以说明。

（7）粉碎机的外壳及外露零部件在设计时应避免带易伤人的锐角、利棱。

（8）粉碎机应在醒目位置标明主轴的转向。

（9）电气控制箱及电动机应有可靠的接地措施。出厂时不配电动机的小型粉碎机，制造单位应在使用说明书中提出明确的警示说明。

（二）折叠制造及验收

（1）粉碎机的转子应按 SB/T 10117 锤片式粉碎机标准中的要求做平衡校验。

（2）锤片式粉碎机径向相对的两组锤片总质量差不得超过 5g，齿爪式粉碎机扁齿的同组重量差应符合 JB/T 6270—1992 的要求。

（3）所有转动部件应转动灵活，无卡滞和碰擦现象。转子上的锤片，在自重作用下，应能自如地绕销轴转动。

（4）防护罩、操纵机构的手柄应涂有醒目的并区别于粉碎机本色的漆。危险处应按 GB 2893 中的规定标示。

（5）粉碎机工作区域的粉尘浓度不得超过 $10mg/m^3$。

（6）产品标牌中至少应标明以下内容：产品名称、标准号、产品型号、制造单位的名称、配套功率、主轴转速、制造日期。

（三）折叠使用

（1）使用前，操作者应认真阅读使用说明书，了解粉碎机的结构，熟悉其性能和操作方法。

（2）必须根据粉碎机的标牌规定选配动力，不准随意提高主轴转速。

（3）粉碎机的工作场地应宽敞、通风、留有足够的退避空间，备有可靠的灭火设备。

（4）开机前应按使用说明书的规定进行调整和保养，同时检查紧固件是否拧紧。在保证人机安全的情况下，方可启动开机，空运转 2~3min 后方能进料，进料前吸风系统必须处于正常工作状态。

（5）工作时如发生异常声响应立即停机检查，严禁在粉碎机运转时排除故障。

（6）工作完毕后需空运转 1~2min，待机器内部的物料全部排出后，方能停机。

第九章 水产养殖机械：增氧机、投饲机的使用及维护

第一节 增氧机

一、增氧机的简介

增氧机是一种通过电动机或柴油机等动力源驱动工作部件，使空气中的"氧"迅速转移到养殖水体中的设备，它可综合利用物理、化学和生物等功能，不但能解决池塘养殖中因为缺氧而产生的鱼浮头的问题，而且可以消除有害气体，促进水体对流交换，改善水质条件，降低饲料系数，提高鱼池活性和初级生产率，从而提高放养密度，增加养殖对象的摄食强度，促进生长，使亩产大幅度提高，充分达到养殖增收的目的。

增氧机产品类型也比较多，其特性和工作原理也各不相同，增氧效果差别较大，适用范围也不尽相同，生产者可根据不同养殖系统对溶氧的需求，选择合适的增氧机以获得良好经济性。

增氧机

二、增氧机的分类

折叠叶轮式增氧机：具有增氧、搅水、曝气等综合作用，是目前最多采用的增氧机，年产值约 15 万台，其增氧能力、动力效率均优于其他机型，但是运转噪声较大，一般用于水深 1m 以上的大面积的池塘养殖。

折叠水车式增氧机：具有良好的增氧及促进水体流动的效果，适用于淤泥较深，面积 1 000~2 540m² 的池塘使用。

折叠射流式增氧机：其增氧动力效率超过水车式、充气式、喷水式等形式的增氧机，其结构简单，能形成水流，搅拌水体。射流式增氧机能使水体平缓地增氧，不损伤鱼体，适合鱼苗池增氧使用。

折叠喷水式增氧机：具有良好的增氧功能，可在短时间内迅速提高表层水体的溶氧量，同时还有艺术观赏效果，适用于园林或旅游区养鱼池使用。

折叠充气式增氧机：水越深效果越好，适合于深水水体中使用。

折叠吸入式增氧机：通过负压吸气把空气送入水中，并与水形成涡流混合把水向前推进，因而混合力强。它对下层水的增氧能力比叶轮式增氧机强，对上层水的增氧能力稍逊于叶轮式增氧机。

折叠涡流式增氧机：主要用于北方地区冰下水体增氧，增氧效率好。

折叠增氧泵：因其轻便、易操作及单一的增氧功能，故一般适合水深在 0.7m 以下，面积在 400m² 以下的鱼苗培育池或温室养殖池中使用。

随着渔业需求的不断细化和增氧机技术的不断提高，出现了许多新型的增氧机，诸如：涌喷式增氧机、喷雾式增氧机等多种规格的增氧机。

三、如何选择增氧机

如何选用合适的增氧机是用户需要抉择的问题，于是在很多不稳定的环境因素下准确评估使用增氧机，例如包括水温、所养殖动物种类、所养殖动物的密度、水体的盐度、气候气温、自然风速气压、池塘大小和深度、水质施肥的多少、饲料投喂量的多少、自然水循环的流量等都是选择增氧机性能的重要因素。

水产养殖曝气原理：

（1）叶轮式增氧机动力效果好，工作面积大，适合四大家鱼饲养。

（2）水车式增氧机动力效果也很好，推流效果较强，水体表层增氧明显，适合虾、蟹类动物使用。

（3）潜水式、射流式增氧机则适合深水养殖与较长型池塘使用。

（4）喷水式增氧机小面积池塘增氧还可以，适合园林式旅游区小型鱼池，大面积的池塘增氧起不了作用。

（5）充气式增氧机水越深效果越好，能使水体上下平缓地溶氧，又不损伤鱼虾身体，适合鱼虾苗池的增氧使用。

其中，水轮式增氧机是目前增氧设备中效率最强的一种，水轮式增氧机是通过水体上下层对流向四周扩散的原理，四桨轮流搅动上下层水，改善水体的溶氧量，适和虾、蟹类养殖使用。

四、增氧机的操作

（1）晴天中午开动增氧机 1~2h，充分发挥增氧机的搅水作用，增加池水溶氧，并加速池塘物质循环，改良水质，减少浮头发生。一定注意避免晴天傍晚开机，会使上下水层提前对流，增大耗氧水层和耗氧量，容易引起鱼类浮头。

（2）阴雨天，浮游植物光合作用弱，池水溶氧不足，易引起浮头。此时必须充分发挥增氧机的机械增氧作用，在夜里及早开机增氧，直接改善池水溶氧情况，达到防止和解救鱼类浮头的目的。避免阴雨天中午开机，此时开机，不但不能增强下层水的溶氧，而且增加了池塘溶氧的消耗，极易引起鱼类浮头。

（3）夏秋季节，白天水温高，生物活动量大，耗氧多，黎明时一般可适当开机，增加溶氧。如有浮头预兆时，开机救急，不能停机，直至日出后，在水面无鱼时才能停机。

（4）当大量施肥后，水质过肥时，要采用晴天中午开机和清晨开机相结合的方法，改善池水溶氧条件，预防浮头。增氧机的使用，除与以上天气、水温、水质有关以外，还应结合养鱼具体情况，根据池水溶氧变化规律，灵活掌握开机方法和开机时间，以达到合理使用、增效增产的目的。

总之，增氧机的使用原则：晴天中午开，阴天清晨开，连绵阴雨半夜开，傍晚不开，阴天白天不开，浮头早开；天气炎热开机时间长，天气凉爽开机时间短，半夜开机时间长，中午开机时间短，负荷面积大开机时间长，负荷面积小开机时间短，确保及时增氧。

五、增氧机的维修与保养

在科学养鱼的今天，许多养鱼户使用池塘增氧机缺乏科学性，直接影响增氧机的使用效果。合理使用增氧机可有效增加池水中的溶氧量，加速池塘水体物质循环，消除有害物质，促进浮游生物繁殖。同时可以预防和减轻鱼类浮头，防止泛池以及改善池塘水质条件，增加鱼类摄食量及提高单位面积产量。所以在这里说明一下正确使用增氧机需注意的事项。

（一）如何确定类型

确定装载负荷一般考虑水深、面积和池形。长方形池以水车式最佳，正方形或圆形池以叶轮式为好；叶轮式增氧机 1kW 动力基本能满足 3.8 亩水面成鱼池塘的增氧需要，4.5 亩以上的鱼池应考虑装配两台以上的增氧机。

（二）安装位置

增氧机应安装于池塘中央或偏上风的位置。一般距离池堤 5 m 以上，并用插杆或抛锚固定。安装叶轮式增氧机时应保证增氧机在工作时产生的水流不会将池底淤泥搅起。另外，安装时要注意安全用电，做好安全使用保护措施，并经常检查维修。

（三）开机和运行时间

增氧机一定要在安全的情况下运行，并结合池塘中鱼的放养密度、生长季节、池塘的水质条件、天气变化情况和增氧机的工作原理、主要作用、增氧性能、增氧机负荷等因素来确定运行时间，做到起作用而不浪费。正确掌握开机的时间，需做到"六开三不开"。

"六开"即：①晴天时午后开机；②阴天时次日清晨开机；③阴雨连绵时半夜开机；④下暴雨时上半夜开机；⑤温差大时及时开机；⑥特殊情况下随时开机。

"三不开"：①早上日出后不开机；②傍晚不开机；③阴雨天白天不开机。

在出现天气突变或由于水肥鱼多等原因引起鱼类浮头时，可灵活掌握开机时间，防止浮头或泛塘发生。

（四）定期检修

为了安全作业，必须定期对增氧机进行检修。电动机、减速箱、叶轮、浮子都要检修，对已受到水淋浸蚀的接线盒，应及时更换，同时检修后的各部件应放在通风、干燥的地方，需要时再装成整机使用。

第二节　投饵机

一、投饵机的简介

饲料投喂是水产养殖中的一项重要作业，具有用工量多、劳动强度大等特点，尤其是随着水产养殖规模的扩大，上述特点更加突出。自动投饵机具有节省人工、降低劳动强度、节约饲料，以及增产提效等优点。据相关试验表明，自动投饵机与人工投喂颗粒饲料相比，一般可节约饲料15%左右，每亩可增产15%~20%，因此在水产养殖业被广泛认可，成为一种重要的渔用机械。

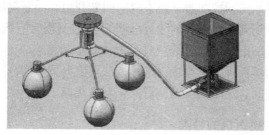

投饵机

自动投饵机的结构原理：自动投饵机由以下四个结构部分组成。①料斗：料斗有白铁皮料斗和黑铁皮料斗两种。白铁皮料斗较薄，强度较低，工艺简单，成本较低，但耐久性较差；黑铁皮料斗较厚，需要折边、焊接、喷漆等多种工艺，成本较高，但外观好看，牢固结实，经久耐用。②下料装置：下料装置是由电磁铁、下料、下料门等组成。通电时，电磁铁吸住下料门，使下料门向下开启，饲料自然向下落；断电时，电磁铁失去吸力，由回位弹簧拉回下料门，使下料门向上关闭，饲料停止下落；这种装置结构成本较低，工艺简单，维修容易。

③抛撒装置：抛撒装置按用途不同，可分为无动力抛撒装置、管道和高流速空气抛撒装置、电动及圆盘抛撒装置等三种。无动力抛撒装置，就是饲料通过下料口落到下面的锥形撒料盘上，使饲料自动分散向四周抛出机外，这种抛撒装置常用于面积较小的工厂化养殖；管道和高流速空气抛撒装置，就是在出料口处设一障碍物，当饲料送到投料处时，饲料触到障碍物就自动分散均匀抛出机外，这种抛撒装置常用于环境较特殊的网箱和工厂化养殖；电动及圆盘抛撒装置，就是用低速电动机作动力，当饲料接触旋转的圆盘时，即可自动分散均匀抛出机外，这种抛撒装置常用于面积大小不同的池塘养殖。④控制器：控制器的作用有两个：一是定时作用。当投饵机工作已到达设置时间，就会自动停止饲料抛撒；二是间隙控制作用。在抛撒饲料期间，控制器会使下料门间断开启和间断关闭，周而复始，直到到达设定时间才停止抛撒。控制器常有机械定时、电子定时、单片机定时等三种定时方法，在实际工作过程中，一般采用单片机定时方法，这种方法可随时调整间隔时间和持续投料时间，定时很准确，智能化程度很高。

二、投饵机的种类

按自动投饵机的使用范围不同，可分为池塘养鱼自动投饵机、网箱养鱼自动投饵机、工厂化养鱼自动投饵机三种。①池塘养鱼自动投饵机：这种自动投饵机，一般抛撒面积在 $10 \sim 50m^2$，配用的电机功率在 $30 \sim 100W$，投撒的距离在 $2 \sim 18m$，料箱的容积在 $60 \sim 120kg$，每台适用的面积在 $5 \sim 15$ 亩，这种自动投饵机目前在养鱼户中用量最多；选购自动投饵机时要根据当地池塘面积的大小，因地制宜选购合适的自动投饵机型号。②网箱养鱼自动投饵机：根据网箱使用状况的不同，可分为深水网箱自动投饵机和水面网箱自动投饵机。深水网箱自动投饵机是把饲料直接输送到距水面 $1 \sim 2m$ 深的网箱中央；水面网箱自动投饵机是将饲料抛撒在 $25m^2$（长 5m×宽 5m）的网箱水面中央，抛撒面积在 $2.8\sim3.2m^2$。③工厂化养鱼自动投饵机：这种投饵机常用在温室养鱼和工厂化养鱼之中，投饵机每次抛撒的饲料数量不多，但很均匀实用，一般抛撒面积在 $0.8\sim1.2m^2$。

三、如何选择投饵机

选购：选购自动投饵机时，一是要根据水产养殖方式，因地制宜选购投饵机；二是要求自动投饵机设计新颖，漆色光亮，外形美观，维修方便，有技术监督局检验合格证书；三是在养鱼户经济条件较好的情况下，尽量选购功能齐全的自动投饵机：如选购可调定时、定量、定间隙的电子控制半自动投饵机；也可选购 1 天可编 $1\sim9$ 次饲料程序的液晶时钟控制全自动投饵机；四是根据养鱼面积大小选购合适的自动投饵机：如果是池塘养鱼，选购面积在 $3\sim5$ 亩、产鱼数量在 1 125~1 875 kg/亩、抛撒距离在 $5\sim8m$ 的自动投饵机；如果是网箱养鱼，要根据网箱面积大小、放鱼密度大小等来选购合适的自动投饵机。

四、投饵机的操作

安装：一是自动投饵机要安装在离岸 $3\sim4m$ 远处的跳板上，跳板要高出池塘最高水位 0.4m；如果是两池并列，可使用同一台自动投饵机，但投饵机底部要设置转动 180° 的旋转机构，满足一机两池用的需求；二是自动投饵机在安装前，要弄清投饵机的接线方法、工作电压、注意事项等，务必按随机使用说明书要求进行安装。

使用注意事项：一是不管使用哪种自动投饵机，都要与水面有一定空间距离，预防漏电和短路，防止出现安全事故；二是自动投饵机在春、秋季节抛撒饲料时，春季水温必须在

16℃以上，秋季水温必须在 18℃以上，否则，抛撒的饲料无鱼跃出水面来抢食，造成饲料极大的浪费；三是投饵机投饵时间和间隔时间，要根据鱼群上浮抢食的强度来设置，一般每次投饵时间为 2s、间隔时间为 5s，每次投饵总时间控制在 30min之内，保持鱼类八成饱；由于淡水养鱼大都是无胃鱼，吃得多，排泄得多，从吃食到消化完毕，需要 120min 左右，所以，为了保持鱼类肠道不间断饲料消化，要求自动投饵机每隔130min 投喂 1 次，每天保持投喂 4~6 次，提高鱼类生长速度；四是要注意水色和鱼类吃食变化情况，及时调整投饵机的工作参数，减少饲料浪费，提高饲料利用率；五是投饵机在作业期间出现故障时，如果养鱼者没有过硬修理技术，不要随意拆卸，应及时与销售商或厂家联系，要求尽快修复。

五、投饵机的维修与保养

（1）投饵机料斗中的饲料，每天必须全部抛撒完，不能有剩余饲料，否则，会引来夜间老鼠吃食活动而咬断投饵机电线。

（2）如果投饵机主电机运转 5s 后，副电机开始带动送料盒振动下料，说明投饵机正常；如果主电机不运转，应及时切断电源，检查出料口是否堵塞，若有堵塞现象，应及时清理，确保电机和甩料盘运转自如。

（3）每月要清理 1 次下料口、接料口、送料振动盒，避免粉尘饲料结块而影响饲料的输送；每隔 6 个月要对投饵机进行 1 次维护保养，并检查电线端点有无松脱或破损，若有松脱或破损现象，应及时拧紧端点或更换电线。

（4）定期检查轴承润滑情况，若有缺油现象，应及时加注钠基酯或钙基酯润滑油；定时检查键销和电机轴上止头螺丝等是否松脱，若有松脱现象，应及时拧紧或更换相关零件；随时检查主、副电机运转是否正常，若有异常情况，要及时查明原因进行修复。

（5）由于电容是电动机启动的重要元件，所以，要随时认真检查电容的技术状态是否完好，检查方法是：先将电容的两根线头分别插入电源插座，然后取出，再将两根线头接触，如果有火花出现，说明电容正常，如果无火花，说明电容已坏，应及时更换新电容，确保电动机正常运转。

（6）如果进入寒冷天气，水温过低，鱼不吃食，自动投饵机开始停止使用；自动投饵机停止使用时，要先切断电源，然后清理干净投饵机上的各种粉尘，再运回仓库保存，切忌在露天存放。

第十章 设施农业机械：卷帘机、
热风炉的使用及维护

第一节 卷帘机

一、卷帘机的简介

卷帘机，又名大棚卷帘机，是用于温室大棚草帘以及棉被自动卷放的农业机械设备，根据安放位置分为地爬式滚杠卷帘机和后拉式的上卷帘，其动力源分为电动和手动，常用的是电动和手动相结合的卷帘机并带有遥控装置，有效避免了违规操作而产生的对人身的伤害及停电对温室大棚温度的影响。机械原理是利用减速机将电动机转速降低，增加扭矩，常见减速机为齿轮减速，以及谐波减速。齿轮减速机构比较庞大笨重，功率消耗大，而谐波减速结构小巧，功耗低，可靠性高。一般使用 220V 或 380V 交流电源。卷帘机的出现极大地推动了温室大棚业的机械化发展，同时减少了农户的劳动负担。可配保温被、保温毡使用。

卷帘机

二、卷帘机技术的优势

（一）省时、省工、劳动强度小

与人工铺放草帘作业相比，卷帘机卷帘速度快，完成 1 次卷帘或放帘仅需 5~10min，从而将传统手工卷帘作业每人每天每标准棚需要 1.5h 降低到每人每天每标准棚只需 10~20min。此外，人工卷帘劳动强度大，需强壮劳力才能完成，而卷帘机劳动强度小，老人和妇女即可完成操作。

（二）光照时间相对延长

采用卷帘机后温室室内日照时间可相对延长约 1.5h，提高棚温 3℃ 左右，能够有效促进蔬菜作物生长，提高产量。

（三）实现温室适度规模效益

使用卷帘机后，一个劳动力做务的标准棚数可由原来的 1~2 个增加到 3 个，精细管理温室做务的时间也相对更多一些，使得温室家庭适度规模化种植有了可能。

（四）有效抵御不良天气的影响

卷帘机作业效率高，能够应对突然出现的大风、雨雪等不良天气侵害，避免棚膜和作物等受到影响，将损失降到最低。另外，机械卷帘的草帘或保温被的整体防风性能好，草帘或保温被的使用寿命也至少可延长 2~3 年。

实施日光温室卷帘机技术可以提高卷帘机的装备率，是日光温室蔬菜产业发展的一项关键技术措施，还可以增加光照、温度，提高产量和效益，减轻菜农劳动强度；另外，实施日光温室卷帘机技术可以实现农户多棚适度规模种植达到规模效益，对于推动温室蔬菜产业持续稳定发展具有非常重要的作用。

三、日光温室草帘卷铺卷帘机的卷铺作业方式

我国卷帘机的机型分类方法很多，归纳起来主要有按卷铺介质分类、传动方式分类、卷铺方式分类、动力和支撑装置安装位置分类等。卷帘机主要有后置卷绳上拉式、前置卷轴上推式以及侧置卷轴上推式三种。日光温室前屋面保温材料主要以草帘为主，长度在 50~150m。综合考虑卷帘机机型特点、卷铺方式和实际使用效果，后置卷绳上拉式和前置卷轴上推式即悬臂式卷帘机目前已经成为日光温室主要推广的卷帘机机型。

（一）后置卷绳上拉式卷帘机

该类型卷帘机由主机、卷杆、坠杆和支架 4 部分组成。主机、支架安装在温室顶部居中，保温草帘的下边固定在坠杆上。工作原理是主机转动卷杆，卷杆缠绕拉绳，拉绳拉动保温草帘实现草帘卷铺放落。每次卷铺需要 10min 左右。卷绳长、多且暴露在外，开机状态下调整卷绳操作，容易伤人，要求调整卷绳时停机操作。

（二）前置卷轴上推式卷帘机即悬臂式卷帘机

该类型卷帘机由主机、支座、支撑杆、摆杆和卷杆五部分组成。支座安装于温室前方中部距棚膜底边 1.5~2.5m，支撑杆下端与地面支座联接，另一端与摆杆联接，摆杆通过主机与卷杆联接。保温草帘的下边固定在卷杆上。工作原理是主机驱动卷杆转动，卷杆带动保温草帘上卷或下放。每次卷铺需要 5~8min，对草帘的损伤较大。

（三）侧置卷轴上推式卷帘机

该类型卷帘机由主机、支座、支撑杆、摆杆和卷杆 5 部分

组成。支座安装于温室一侧前方距棚膜前底边 1.5~2.5m。工作原理与前置卷轴上推式卷帘机相同。每次卷铺需要 8min 左右。主要用于轻质保温材料的卷铺。

四、卷帘机的安装

卷帘机用于温室大棚的草帘自动卷放，那么卷帘机应该怎样安装使用呢？

（1）预先焊接各种连接活动结、法兰盘到管上；根据棚长度确定横杆强度（一般 60m 以下的棚用壁厚 3.5mm 的 50mm 高频焊接管；60m 以上的，除两端各 30m 用 50mm 管外，主机两侧用直径 50mm 的高频焊管。具体应用应找专业人员核算）和长度；焊接管轴轴齿；如需要双管立杆的，焊接双管。

（2）将电机固定在主机上，装好皮带。

（3）将棚上草帘从中间向两边依次放下，下边对齐，每条帘下铺一条无松紧的绳子。

（4）在棚前正中距棚 1.5~2m 处挖坑埋设地桩。

（5）连接立杆与主机，横杆铺好备联。

（6）从中间向两边连接机杆即卷轴。

（7）将帘下绳子固定到轴齿上。

（8）连接倒顺开关及电源。

（9）试机，将卷帘机卷至棚顶，观察草帘平行度，然后放下至地面，在卷慢处垫些草帘等物，然后卷起，直至卷如一条直线。

五、使用注意事项

（1）要注入防冻齿轮油，以后每年更换、保养一次。

（2）在安装或使用过程中，应经常检查主机及各连接处螺丝是否有松动、焊接处是否出现断裂、开焊等问题。

（3）每次使用停机后，应及时切断棚外总电源。

（4）在控制开关附近，必须再接上一个刀闸。

（5）卷帘机启动后，不得靠近竖杆及卷动的草苫，且必须有成人守在电源开关旁或手持遥控器。

（6）在使用前和使用期间，离合系统必须上油。

（7）如略有走偏，属正常现象。可2个月左右调整1次。

（8）使用人必须接受安装人在安装时的培训。

（9）用户自行购买安装时，需要根据棚长及草苫的重量选用适当的卷帘机和遥控器。

第二节　热风炉

一、热风炉简介

热风炉，是热动力机械，于20世纪70年代末在我国开始广泛应用，它在许多行业已成为电热源和传统蒸气动力热源的换代产品。热风炉品种多、系列全，以加煤方式分为手烧、机烧两种，以燃料种类分为煤炉、油炉、气炉等。

二、热风炉的作用

炼铁高炉热风炉作用是把鼓风加热到要求的温度，用以提高高炉的效益和效率；它是按"蓄热"原理工作的。在燃烧室里燃烧煤气，高温废气通过格子砖并使之蓄热，当格子砖充分加热后，热风炉就可改为送风，此时有关燃烧各阀关闭，送风各阀打开，冷风经格子砖而被加热并送出。高炉装有3~4座热风炉"单炉送风"时，2~3座加热，1座送风；轮流更换"并联送风"时，2座加热。

三、工作原理

（一）直接式高净化热风炉

热风炉

就是采用燃料直接燃烧，经高净化处理形成热风，并和物料直接接触加热干燥或烘烤。该种方法燃料的消耗量约比用蒸气式或其他间接加热器减少一半左右。因此，在不影响烘干产品品质的情况下，完全可以使用直接式高净化热风炉。

燃料可分为：①固体燃料，如煤、焦炭。②液体燃料，如柴油、重油、醇基燃料。③气体燃料，如煤气、天然气、液体气。

燃料经燃烧反应后得到的高温燃烧气体进一步与外界空气接触，混合到某一温度后直接进入干燥室或烘烤房，与被干燥物料相接触，加热、蒸发水分，从而获得干燥产品。为了利用这些燃料的燃烧反应热，必须增设一套燃料燃烧装置。如：燃煤燃烧器、燃油燃烧器、煤气烧嘴等。

这种直接加热式热风炉不可用于养殖等取暖。

（二）间接式热风炉

主要适用于被干燥物料不允许被污染，或应用于温度较低的热敏性物料干燥。如：奶粉、制药、合成树脂、精细化工等。此种加热装置，即是将蒸气、导热油、烟道气等做载体，通过多种形式的热交换器来加热空气。

热风炉

间接式热风炉的最本质问题就是热交换。热交换面积越大，热转换率越高，热风炉的节能效果越好，炉体及换热器的寿命越长。反之，热交换面积的大小也可以从烟气温度上加以识别。烟温越低，热转换率越高，热交换面积就越大。

经过燃料和加热源的分离，可用于人类取暖。

工作原理可分为蓄热式和换热式两种。

（1）蓄热式，按热风炉内部的蓄热体分为球式热风炉（简称球炉）和采用格子砖的热风炉，按燃烧方式可以分为顶燃式。内燃式、外燃式等几种。如何提高风温，是业内人士长期研究的问题。常用的办法是混烧高热值燃气，或增加热风炉格子砖的换热面积，或改变格子砖的材质、密度，或改变蓄热体的形状（如蓄热球），以及通过种种方法将煤气和助燃空气预热。

优点：换热温度高，热利用率高。

缺点：体积大，占地面积大，热风温度不稳定，切换机构多，容易出问题，蓄热体寿命短，维修成本高，购置成本极高。

（2）换热式，主体是使用耐高温换热器为核心部件，此部件不能使用金属材质换热器，只能使用耐高温陶瓷换热器，燃气在燃烧室内充分燃烧，燃烧后的热空气，经过换热器，把热量换给新鲜的冷空气，可使新鲜空气温度达到 1 000 ℃以上。

优点：换热温度高，热利用率高，体积小，热风温度稳定，无切换机构多，寿命长，维修成本高，购置成本低。

缺点：换热温度没有蓄热式高，出现较晚，未被普遍使用。

四、应用范围

（1）化工和制药行业化学制品、化工产品和药品的制备和干燥。

（2）涂装行业汽车、摩托车、集装箱、家电、印铁制罐等工业产品的烘烤漆、喷粉固化等。

（3）纺织印染和无纺布行业热定型、热熔染色、焙烘、热风拉幅。

（4）铸造行业型砂和砂芯烘干。

（5）磨具、磨料行业砂布和砂轮烘干。

（6）建材行业木材干燥、人造板、层压板烘干、石膏板烘干、玻璃纤维制品烘干。

（7）农产品、饲料及食品加工烘烤咖啡、茶叶、烟叶及蔬菜、谷物、挂面、水产品、鱼粉、豆粕等干燥。

（8）供暖工程工业厂房及民用建筑采暖。

（9）焊接材料行业焊条、焊剂烘干

（10）保温材料、玻璃钢行业硅酸铝纤维制品、稀土保温、玻璃钢制品的烘干。

五、检修注意事项

（1）检修热风炉时，应用盲板或其他可靠的切断装置防止煤气从邻近煤气管道窜入，并严格执行操作牌制度；煤气防护人员应在现场监护。

（2）进行热风炉内部检修、清理时，应遵守下列规定：

1）煤气管道应用盲板隔绝，除烟道阀门外的所有阀门应关死，并切断阀门电源；

2）炉内应通风良好，一氧化碳浓度应在 24mg/kg 以下，含氧量应在 18%~21%（体积浓度）之间，每 2h 应分析 1 次气体成分。

3）修补热风炉隔墙时，应用钢材支撑好隔棚，防止上部砖脱落。

（3）热风管内部检修时，应打开人孔，严防煤气热风窜入。

（4）热风炉必须有水降温。

第十一章　农业机械化技术扶贫

第一节　概述

消除贫困、改善民生、逐步实现共同富裕，是社会主义的本质要求，是我们党的重要使命。改革开放以来，我们实施大规模扶贫开发，使7亿农村贫困人口摆脱贫困，取得了举世瞩目的伟大成就，谱写了人类反贫困历史上的辉煌篇章。党的十八大以来，我们把扶贫开发工作纳入"四个全面"战略布局，作为实现第一个百年奋斗目标的重点工作，摆在更加突出的位置，大力实施精准扶贫，不断丰富和拓展中国特色扶贫开发道路，不断开创扶贫开发事业新局面。

我国扶贫开发已进入啃硬骨头、攻坚拔寨的冲刺期。中西部一些省（自治区、直辖市）贫困人口规模依然较大，剩下的贫困人口贫困程度更深，减贫成本更高，脱贫难度更大。实现到2020年让7 000多万农村贫困人口摆脱贫困的既定目标，时间十分紧迫、任务相当繁重。必须在现有基础上不断创新扶贫开发思路和办法，坚决打赢这场攻坚战。

扶贫开发事关全面建成小康社会，事关人民福祉，事关巩固党的执政基础，事关国家长治久安，事关我国国际形象。打赢脱贫攻坚战，是促进全体人民共享改革发展成果、实现共同富裕的重大举措，是体现中国特色社会主义制度优越性的重要标志，也是经济发展新常态下扩大国内需求、促进经济增长的重要途径。各级党委和政府必须把扶贫开发工作作为重大政治任务来抓，切实增强责任感、使命感和紧迫感，切实解决好思想认识不到位、体制机制不健全、工作措施不落实等突出问题，不辱使命、勇于担当，只争朝夕、真抓实干，加快补齐全面建成小康社会中的这块突出短板，决不让一个地区、一个民族掉队，实现《中共中央关于制定国民经济和社会发展第十三个五年规划的建议》确定的脱贫攻坚目标。

第二节　农业机械化技术扶贫方法

一、目标的确定

到 2020 年，贫困县扶持建设一批贫困人口参与度高的特色产业基地，建成一批对贫困户脱贫带动能力强的特色产品加工、服务基地，初步形成特色产业体系；贫困乡镇、贫困村特色产业突出，特色产业增加值显著提升，品牌产品占比显著提升；贫困户掌握 1~2 项实用技术，自我发展能力明显增强，确保产业扶贫对象如期实现脱贫。

二、基本原则

一是聚力到户，受益精准。始终瞄准建档立卡贫困户，加大政府支持，加强社会动员，调动贫困人口积极性，凝聚合力，加快推动特色产业发展。精准帮扶，明确将建档立卡贫困户稳定、长期受益作为产业帮扶边界，避免扶农不扶贫、产业不带贫，防止在实施中脱轨走样。

二是因地制宜，产业精准。综合考虑资源优势、产业基础、市场需求、技术支撑等因素，立足资源环境承载力，选准特色产业，优化产业布局，合理确定产业发展方向、重点和规模，提高产业发展的持续性和有效性。

三是科学设计，项目精准。整合资金、技术等要素资源，着力关键环节，注重贫困户的参与度，兼顾长期效益和短期收益，科学设计项目。找准项目实施与贫困户受益的结合点，构建有效的利益联结机制。依法办事，维护经济主体的合法权益。

四是保护生态，绿色发展。牢固树立"保护生态环境就是保护生产力""绿水青山就是金山银山"理念，用好用活绿色生态牌、不搞大开发，切实把生态优势转化为经济优势，把发展劣势转化为后发优势，确保贫困地区生产、生活、生态协调兼顾。

五是帮贫脱贫，联动联考。产业扶贫实行中央部门支持，省市规划考核，县级负责规划编制、资金整合、具体实施。精准创设产业帮扶政策措施，保障资金、物资等支持手段与贫困村、贫困户紧密结合，把产业扶贫成效与政绩考核相挂钩，重点对新型经营主体扶持、利益联结机制构建、村户脱贫效果等情况进行考核。

第三节　农业机械化技术扶贫工作原则

一、科学确定特色产业

摸清贫困户生产经营情况，分析贫困县特色资源禀赋、产业现状、市场空间、环境容量、新型主体带动能力以及产业覆盖面，以特色种养业、设施农业、特色林业、加工业、传统手工业、休闲农业、乡村旅游、光伏产业等为主要内容，每个贫困县重点选择市场相对稳定、获益期相对快的若干项特色产业。选择有意愿、有实力、带动能力强的新型经营主体参与特色产业精准扶贫。将重点产业与新型经营主体、贫困户对接，根据各方意愿，确定特色产业发展规模和利益联结机制，实现产业对人、人对产业。实施贫困地区"一村一品"产业推进行动。推进特色产业扶贫与易地扶贫搬迁户后续产业发展需求有效对接。

二、促进一二三产业融合发展

积极发展特色产品产地初加工，提升加工产品副产物综合利用水平，推动精深加工发展。引导特色农产品加工业向县城、重点乡镇和产业园区集中，打造产业集群，形成加工引导生产、加工促进消费的格局。依托自然资源、农事景观、乡土文化和特色产品，积极拓展产业多种功能，大力发展休闲农业、乡村旅游和森林旅游休闲康养，推进特色产业与教育、文化、健康养老等产业深度融合，拓宽贫困户就业增收渠道。

三、发挥新型经营主体带动作用

培育壮大贫困地区农民合作社、龙头企业、种养大户等新型经营主体，支持新型经营主体通过土地托管、牲畜托养、吸收农民土地经营权入股等途径，带动贫困户增收，与贫困户建立稳定的带动关系。支持新型经营主体在贫困地区发展特色产业，向贫困户提供全产业链服务，提高产业增值能力和吸纳贫困劳动力就业能力。引导和鼓励返乡农民工、中高等学校毕业生、退役士兵等人员，开发农村特色资源，发展特色产业。鼓励各类新型经营主体结合易地搬迁安置区实际，加大对搬迁群众后续产业发展的扶持带动力度。

四、完善利益联结机制

鼓励股份合作帮扶模式，农村承包土地经营权、农民住房财产权等可以折价入股；集体所有用于经营的房屋、建筑物、机械设备等经营性资产可以折价入股，集体经济组织成员享受集体收益分配权；有关财政资金在不改变用途的情况下，投入设施农业、养殖、光伏、水电、乡村旅游等项目形成的资产，具备条件的可折股量化给贫困村和贫困户，尤其是丧失劳动能力的贫困户。支持贫困村通过产业发展，壮大村级经济实力。

控股并负责生产经营的企业要对财政资金形成的资产的保值增值负责，建立健全收益分配机制，确保资产收益及时回馈持股贫困户。推广订单帮扶模式，鼓励新型经营主体和有产业发展能力的贫困对象，共同开发特色产业，依法签订利益共享、风险共担的合作协议。按照协议贫困户生产、提供产品，新型经营主体提供服务、收购产品；政府扶持资金通过以奖代补、贷款贴息等方式支持新型经营主体和贫困户。鼓励各地创新其他行之有效的帮扶模式。

五、增强产业支撑保障能力

改善流通基础设施，推动农产品批发市场和产地集配升级改造。继续推动大型连锁企业与农民合作社对接，加强村企对接。大力发展电子商务，建立农产品网上销售、流通追溯和运输配送体系，加快推进"快递下乡"工程。积极培育特色产品品牌，提高产品品质。支持各级技术研发推广机构和技术人员，以特色产业基地为依托，加强建档立卡贫困户技能培训和市场信息服务，建立农技服务精准到户机制。围绕贫困地区特色产业发展，加大贫困地区新型职业农民培育力度，加强农村实用人才带头人培养。引导支持用人企业在贫困地区建立劳务培训基地，开展好订单、定向培训。健全贫困地区特色产业防灾减灾体系，尽可能避免因灾返贫。

六、加大产业扶贫投入力度

各级各类涉农专项资金可以向贫困地区特色产业倾斜的，要加大倾斜力度。使用财政专项扶贫资金发展种养业的，扶贫部门应会同农业、林业等部门加强指导。财政专项扶贫资金应进一步加大对产业精准扶贫的支持力度。落实好贫困地区公益性建设项目县级配套资金和西部连片特困地区地市级配套资金免除制度。健全东西部扶贫协作机制，确保帮扶资金紧紧瞄准建档立卡贫困户，重点支持特色产业发展。

七、创新金融扶持机制

大力发展扶贫小额信贷，为建档立卡贫困户提供"5万元以下、3年以内、免担保免抵押、合理利率放贷、扶贫资金贴息、县建风险补偿金"的小额信贷。引导地方法人金融机构将扶贫再贷款重点用于支持贫困地区发展特色产业和贫困人口就业创业，扩大贫困地区涉农信贷投放，降低贫困地区涉农贷款利率水平。鼓励金融机构创新符合贫困地区特色产业发展特点的金融产品和服务方式，引导中央企业、民营企业分别设立贫困地区产业投资基金，吸引企业到贫困地区从事资源开发、产业园区建设等。引导社会资本通过众筹、慈善等方式积极参与特色产业扶贫。鼓励地方积极创新金融扶贫模式，引导金融机构加大对贫困户和新型经营主体贷款支持力度。

八、加大保险支持力度

根据贫困地区特色产业发展需要，积极发展特色产品保险，探索开展价格保险试点。鼓励保险机构和贫困地区开展特色产品保险和扶贫小额贷款保证保险，加大产品创新力度，有条件的地方可以给予一定的保费补贴等支持。

第四节 农业机械化技术扶贫的路径

一、农业机械化技术应用

（一）主要农作物生产全程机械化推进行动

以攻薄弱、促集成为目标，在粮棉油糖主产区实施水稻、玉米、小麦、马铃薯、棉花、油菜、花生、大豆、甘蔗等九大农作物生产全程机械化技术试验示范项目，强化技术遴选、专家把关、绩效管理，打造 150 个以上核心示范基地。以补短板、提质量为主题，举办全国性或跨省域的系列全程机械化现场推进活动，统筹衔接专家组及地方有关活动，重点组织晚稻机械化移栽、玉米籽粒机收、黄淮海地区花生机播机收、大豆机种、西北地区马铃薯全程机械化、华南甘蔗全程机械化及智能农机作业等专题现场观摩研讨。开展甘蔗生产机械化农机农艺技术融合研究，举办甘蔗机械化的现场演示、展示及交流研讨活动。组织专家组和各主产区农机部门技术力量，针对新型经营主体，推出一系列接地气、可复制的全程机械化整体解决方案，向社会发布全程机械化发展倡议书，引导品种选育、农艺改进、农机研制、农机应用等方面相向而行。开展县域全程机械化发展水平评价，以评促建，推出 100 个左右基本实现全程机械化的示范县，加强典型经验宣传，引领向高质高效机械化升级。

（二）种子农机融合共促行动

组织开展主要农作物品种宜机化研究，提出适合水稻、玉米、小麦、马铃薯、棉花、油菜、花生、大豆、甘蔗生产全程机械化作业的良种选育要求。筛选推介一批适宜机械化的主推品种，推进品种、栽培与机械装备集成配套，提升机械化生产的效率和效益。开展育种机械化、种子处理加工技术装备试验示范，组织育制种机械化技术交流与合作，提升种子生产加工机械化水平。

（三）果菜茶生产机械化技术示范行动

组织开展水果、大宗蔬菜、茶叶等经济作物机械化生产技术调研，提出产业需求和推广重点。召开全国果菜茶机械化现场推进会，总结成效经验，明确推进思路和重点。举办果菜生产机械化发展论坛。围绕苹果、柑橘、茶叶机械化生产和运输等薄弱环节，开展新技术、新装备试验示范。建设大宗蔬菜机械化示范县，建立蔬菜移栽示范基地，加快技术装备的引进选型和试验示范。开展果菜茶机械化技术、设施农业技术培训。开展大宗蔬菜机械化现场演示、智能 LED 植物工厂关键技术示范等推广活动。

（四）特色产业节本增效机械化推广行动

针对特色粮油作物、麻类、中药材、热带亚热带作物等生产机械化难点多、实现难度大问题，开展调研活动，提出特色优势作物机械化发展研究报告。选择基础条件较好的作物，布局建立试验示范基地，突破小品种作物机械化"瓶颈"，提升特色优势产业竞争力。推进农机农艺融合，制定和完善特色作物机械化生产的种植模式和作业规范。推动组建热带作物（麻类）机械化创新联盟，推进热带亚热带作物、麻类作物机械化技术装备研发与推广。

（五）畜禽养殖机械化提升行动

实施牧草生产全程机械化示范项目。举办饲草料机械化技术培训，加快饲草料生产机械化技术推广应用。发挥饲草料生产机械化科技创新联盟作用，开展玉米秸秆饲料化利用新技术、新装备示范推广活动。制、修订一批畜禽养殖机械鉴定大纲，完善畜禽规模养殖装备指标评价体系，增强畜禽养殖机械试验鉴定能力。开展畜禽养殖装备技术展示和推广演示活动，举办"畜牧业现代化与养殖装备技术支撑"学术交流研讨会，以及蛋鸡标准化规模养殖支撑技术集成与装备推广演示活动等，促进畜禽养殖装备系统优化升级。

（六）农产品初加工机械化推进行动

开展农产品干燥与贮藏技术调研，提出扶持农产品产地初加工政策建议。推广北方高寒地区与南方高温高湿地区粮油低成本干燥、贮藏技术与装备，降低生产成本，减少产品损耗。开展水果、蔬菜、中药材产地商品化处理干燥技术与装备示范推广活动，举办剥麻与清洗机械化技术培训，提高特色农产品产地初加工机械化水平。公布谷物干燥机质量调查结果，指导生产企业改进机具性能，提高产品质量。

（七）农业绿色发展机械化技术推广行动

组织在主要农作物生产全程机械化示范县推广节水灌溉、保护性耕作、秸秆还田离田、化肥农药精施、有机肥施用等方面的机械化技术，构建绿色、高效的全程机械化技术体系。建立残膜捡拾、秸秆还田离田、保护性耕作、化肥农药精准施用等机械化示范基地，发挥农机化技术在农业绿色发展和面源污染治理中的重要作用。推广生物发酵、堆肥、运输、施用等畜禽粪污资源化利用技术装备，推动循环农业发展和畜牧业绿色生产。开展保护性耕作技术现场评估，扩大保护性耕作应用。组织植保无人机质量评价培训、作业示范以及成果展示。举办全国春耕生产农机化技术、果菜茶有机肥替代化肥机械化技术培训等活动。

（八）深度贫困地区农机化技术推广行动

落实《农业部支持深度贫困地区农业产业扶贫精准脱贫方案》和《"三区三州"等深度贫困地区特色扶贫行动》有关部署，组织全国农机化科技创新专家组、全程机械化推进行动专家指导组专家赴"三区三州"开展技术调研，开展机械化技术培训、机具现场演示、咨询服务等活动。组织"三区三州"农机化技术人员参加全国性农机化培训。针对四川红原县、理塘县、昭觉县等深度贫困地区特色畜禽、蔬菜产业的发展，组织畜禽养殖、蔬菜生产和农机化等方面的专家，指导制定产业发展的规划，开展技术培训、咨询服务、装备选型配套等，推进产业扶贫。组织农机化科研单位、农机制造企业在三个县建立联系点，"结对子"帮扶，培植壮大合作社、大户等主体，开展新技术、新装备试验示范和技术推广活动，扶持壮大区域特色产业。

二、农业机械化转型升级

《国务院关于加快推进农业机械化和农机装备产业转型升级的指导意见》（以下简称《意见》）明确要求"加强薄弱环节农业机械化技术创新研究和农机装备的研发、推广与应用"，这对推进我国农业机械化全程全面高质高效升级发展具有重要的现实意义。我们要从明确方向、创新驱动和政策支持三个方面入手，抓好贯彻落实。

一是明确方向，着眼于"全程、全面"的总要求，准确把握农业机械化的薄弱环节。"全程"是指植物生产和动物生产的产前（如植物生产中的育种和种子加工）、产中（如植物生产中的耕整、种植、田间管理、收获、干燥和秸秆处理）和产后（如植物生产中的采后处理和储藏）的各个环节的机械化技术与装备。"全面"是指作物全面化、领域全面化和区域全面化，即由粮食作物向经济作物、园艺作物和饲草料作物全面发展；由种植业向畜、禽、水产养殖业和农产品初加工等全面发展；由平原地区向丘陵山区发展，由发达地区向欠发达地区发展。目前农作物生产中突出的薄弱环节主要是种植和收获机械化，如杂交稻和超级杂交稻的种植、再生稻的收获、玉米的籽粒直收、油菜的种植与收获、甘蔗的收获、长江中下游和黄淮海地区棉花的种植和收获、马铃薯的种植和收获、杂粮的种植和收获、农作物秸秆还田和农田残膜回收等。畜禽养殖和水产养殖设施装备中也存在许多"短板"，如健康养殖环境的智能调控、精准饲喂及粪肥资源化利用技术与装备等。不同地区的薄弱环节都有不同的特点，这些都是我们必须要首先研究和明确的。

二是创新驱动，坚持四项原则，加强薄弱环节机械化装备和技术的研发、推广与应用。一要坚持绿色发展的原则。以资源高效利用、生态环境保护和节能降耗为方向，以精准作业为目标，包括精准耕整、精准施肥、精准种植、精准施药和精准灌溉，积极研究畜禽粪污资源化利用和病死畜禽无害化处理技术；二要坚持农机农艺相融合的原则。作物新品种和栽培模式的研究应以适应机械化生产为前提，农机装备应与先进的农艺技术相配套，相辅相成，协同推进；三要坚持因地制宜的原则。我国农业生产区域跨度大，品种多，生产模式各异，所以薄弱环节机械化装备技术的研发一定要与当地农情相适应；四要坚持适度规模的原则。大国小农是我国的基本国情，适度规模经营是我国农业的重要组织形态。所以要积极研究各种新型经营主体的需求，研发与之相适应的装备和技术。

三是政策支持，中央和地方多措并举，促进薄弱环节装备技术有效供给。建议国家层面上设立重点专项"薄弱环节农业机械化创新研究"，举全国农机产学研之力，解决共性关键技术问题。各省（市区）设立科研专项，重点解决适宜区域和作物的机械化技术与装备。落实好首台（套）新产品补贴、购机补贴和作业补贴等支持政策，加大薄弱环节装备技术集成示范和推广应用力度。

三、农机农艺融合

把农机农艺融合上升到机械化工作指导思想的高度，明确了重点途径和具体措施。农机农艺融合要求农机作业和农艺相互适应，构成高效协调的生产系统，实现以最小投入获得最高产出的过程。我国农机农艺技术融合可分三个阶段。一是农机服从农艺阶段，机械作业应服从农艺要求，主要研发应用耕整地、排灌等装备，与作物系统没有直接关联，容易满足农艺要求。二是农机农艺协调结合阶段，要求在保障作业质量前提下，提高作业效率，主要研发应用种植、联合收获等与农艺结合紧密的机械。这一阶段农机作业对作物系统产生直接影响，是农机农艺容易冲突的关键时期。三是农机农艺相互融合阶段，通过顶层设计使农机农艺组成科学有序的作业系统，作物生产逐步实现全程机械化。目前，我国大多数农作物处在第二阶段或者向第三阶段过渡时期，需要强化顶层设计和统筹推进，提升农机化发展的速度、效益和质量。

《意见》从三个方面推进"农机农艺融合"。第一，坚持目标导向，构建高效机械化生产体系。要将适应机械化作为品种选育等前端科研，以及农作物品种审定、耕作制度变革、产后加工工艺改进、农田基本建设等工作的重要目标，这是实现全程机械化作业、规模化生产的先决条件。第二，发挥协同效应，推进资源要素集聚。要强化各类创新平台、农业园区建设，推进多主体、多学科、多环节的高效协同，促进农机化科技创新能力提升。农机农艺融合也需要多方协同，把创新要素资源集聚到平台上、园区中，实现集中力量办大事。第三，突出全程全面，实现成果转化落地。强调要率先在"四区"创建一批整体推进示范县（场），加快实施主要农作物生产全程机械化推进行动，支持各类绿色高效机械装备和技术的示范推广。科技成果只有同产业需求相结合，才能转化为推动经济社会发展的现实动力。

四、农业机械化信息化融合

农业农村信息化的有关规划、项目中，要把发展智能农业装备、推进农机作业服务和管理信息化作为重要内容。在装备发展上，通过建立智能农机标准、完善农机鉴定大纲、优化农机购置补贴机具分类分档等措施，引导农机企业研发制造新一代农产品品质监测、水肥一体化、自动饲喂、环境控制、水产品采收等农业装备，引导大中型农业机械配备导航定位、作业监测、自动驾驶等终端，推动渔船配备通讯导航等装备，不断提高农机装备信息化、智能化水平。在作业服务上，积极发展"互联网+农机作业"，加快推广应用农机作业服务供需对接、远程调度管理等信息化系统，促进农机共享共用。加快农机作业大数据研发应用，促进农机精准作业、精准服务。建设大田作物精准耕作、智慧养殖、设施园艺作物智能化生产等数字农业示范基地，推进智能农机与智慧农业、云农场建设等融合发展。在农机化管理上，加快农机鉴定、农机监理、农机购置补贴、农机作业补助核定等管理服务工作的信息化步伐，推进信息系统互联互通。全面运用农机购置补贴机具信息网络投送平台，推广使用手机 App 办理农机购置补贴、农机深松整地等作业补助物联网监测等应用软件，提升政策实施管理的精准性、便利性。积极推进农机化管理信息系统与农机工业、种植业、养殖业等管理部门的信息系统互联互通，推动构建左右相连、上下贯通的农机化管理服务"一张网"。

　　我国农业在经历了以人力和畜力为主的传统农业后，随着农业信息化和农业机械化的快速发展，正大步迈入智慧农业的新时代。智慧农业可大幅度提高农业劳动生产率、资源利用率和土地产出率，成为当今世界现代农业发展的重要方向，也是我国现代农业发展的必然选择。《国务院关于加快推进农业机械化和农机装备产业转型升级的指导意见》中提出"促进物联网、大数据、移动互联网、智能控制、卫星定位等信息技术在农机装备和农机作业上的应用"，既符合世界发展趋势，也符合我国提升农机装备智能化水平的重大需求，对加快智慧农业应用发展具有重大意义。

　　应用现代信息技术提高农机装备的智能化水平，是实施智慧农业、实现农机农艺融合、提高农业发展质量和效益的重要手段。近年来，我国各地围绕物联网、大数据、智能控制、卫星导航定位在农机装备和农机作业上的应用进行了有益探索，在大田精准作业、设施农业智慧管理、畜禽智慧养殖等方面涌现出很多成功案例。如，新疆兵团应用北斗卫星导航定位自动驾驶进行棉花播种，能一次完成铺膜、铺管、播种作业，1 000m播行垂直误差不超过3cm，播幅连接行误差不超过3cm，有效解决了农机播种作业中出现的"播不直、接不上茬"的老大难问题，土地利用率提高0.5%~1%；利用卫星导航技术实现了夜间高质量作业，不重不漏，机车组利用率提高30%，节约农机投资；重复使用播种时的卫星空间定位信息，大大提高了中耕施肥施药作业质量，高速作业不伤苗、不压苗，棉花机械化收获采净率提高2%~3%。根据新疆兵团实际应用统计，应用北斗卫星导航定位自动驾驶技术，亩节约人工成本60%，亩增收节支193元。

习近平总书记指出："要大力推进农业机械化、智能化，为农业现代化插上科技的翅膀"。要实现真正意义上的智慧农业，必须首先实现农机信息化、智能化。《意见》为今后农机智能化发展明确了目标任务和技术路线：一是加快智能农机装备创新发展，通过政策扶持等方式，加大智能化农机装备的推广力度；二是通过建设大田作物精准作业、智慧养殖、园艺作物智能化生产示范基地，引导智能化农机装备技术的市场化应用，积累经验，探索模式；三是积极推进"互联网+农机作业"发展，建立农机大数据系统，提高农机监管、作业监测、故障诊断、远程调度、售后服务的信息化水平。

五、农机服务模式提升

《国务院关于加快推进农业机械化和农机装备产业转型升级的指导意见》着眼我国大国小农特点，顺应实现小农户与现代农业发展有机衔接的新要求，明确指出要"积极发展农机社会化服务"。这既为广大小农户解决了耕种收难题，促进土地流转、规模化经营、标准化生产，又通过农机的载体功能推广应用先进适用技术，提升农业科技水平，对促进农民增收具有重要意义。

《意见》就发展农机社会化服务提出了一系列创新政策。比如引导金融机构加大对农机企业和新型农机服务组织的信贷投放，将有效破解农民购买大型机具"贷款难""资金缺"问题；建设一批"全程机械化+综合农事"服务中心，将有效打通农业综合服务"最后一公里"；鼓励有条件的农机大省选择重点农机品种支持开展农机保险，将有效减少农机户风险损失，促进农机安全生产。这些政策指向明确、措施实化、扶持有力、含金量高，将为提升农机社会化服务增添新动能。

一是推动农机服务组织建设规范化。农业部及各省深入开展了农机合作社示范创建活动，明确运营管理规范化建设要求，营造"比、学、赶、超"氛围，引导农机合作社向"五有"型方向发展，着力培育了一批设施完善、机制良好、制度健全、规模较大、效益显著的示范合作社。近年全国共有220家农机合作社被评为国家农民专业合作社示范社。黑龙江省2018年组织对已建成的现代农机合作社，从受益主体、装备管理、制度落实等方面进行全面规范。江苏省通过制定标准、召开现场会、举办培训班等措施，大力推进规范常用农机机务管理。

二是引导农机服务组织向专业性综合化发展。越来越多的农机社会化服务组织积极开展订单作业、生产托管，为小农户提供了农资采购、全程机械化作业、粮食仓储与烘干、加工与销售等多种形式、全方位生产型服务，成为联系大农业和小农户之间的桥梁和纽带，带动小农实现农业现代化。安徽省2017年安排1 500万元扶持建设100个省级综合性全程农事服务中心，2018年至2020年再新建300个，争取财政建设补助资金 3.45 亿元。截至 2016 年底，全国从事农业生产托管的服务组织 22.7 万个，服务农户 3 656 万户，托管服务土地面积 2.32 亿亩，从事托管服务的很多都是农机社会化服务组织。

三是加强农机服务组织人才队伍建设。2017 年印发了《农机合作社带头人培训大纲》，推进培训组织管理规范化、方案设计系统化、培训内容实用化，增强培训效果，新型农业经营主体带头人轮训计划每年支持培训农机合作社理事长超过 1 万名。农业农村部、有关行业协会及各地举办了形式多样的合作社示范社创新发展培训研讨活动，着力提升合作社带头人能力水平。推动组建了中国农业机械化协会大学生从业合作社工作指导机构，搭建交流平台，吸引社会力量关注支持、号召大学毕业生以新理念新模式创业兴社，打造一支引领合作社转型升级的"精锐"力量。

四是加大农机服务组织发展政策扶持。加强了农机化技术推广、质量监督、教育培训、安全监理、信息宣传等农机化公共服务体系建设，为农机服务组织的发展营造了良好的外部环境，为推进农机社会化服务创造了必要条件。在农机购置补贴政策上向合作社等农机服务组织予以倾斜，并鼓励通过购买服务的方式，支持农机合作社优先承担深松、秸秆还田等作业项目，为当地农民提供高质量的公益化、社会化服务。各地在解决合作社融资难、用地难、农机维修难等问题上采取很多有效措施。江西、福建、江苏等省财政连续安排专项资金支持合作社机库及维修中心建设。湖南省实施千社工程、洞庭湖工程，省财政已投入 3.2 亿元扶持建设 2 189 家合作社。吉林省设立奖补资金，布局开展全程机械化新型经营主体农机装备建设，"县县都有主力军，乡乡都有领头羊"的新格局初步形成。

六、宜机化改造

农田"宜机化"改造，就是综合运用工程机械、农业机械、有机质提升等工程和生物措施改造农田，以连通地块、消除死角、并小为大、调整布局、贯通沟渠、培肥土壤等为主要内容，达到改善农业机械作业条件，用得上、用得好农机，特别是大中型农业机械的目的。

《国务院关于加快推进农机化和农机装备产业转型升级的指导意见》就支持丘陵山区农田"宜机化"改造作出了重要部署，这是新中国成立以来农机化工作历史上的第一次，具有开创破题的意义，说明补齐丘陵山区农机化短板越来越得到国家的重视。

在历史和时代的机缘叠加的新时代，农田"宜机化"改造正当其时，我们将从这几方面继续做好工作：一是争取高位推动，将"宜机化"纳入正在开展的地方立法内容，尽快为市政府拟定贯彻意见；二是开展目标考核，层层分解落实任务；三是积极整合资金，争取农田建设、乡村振兴、农业园区建设等资金，安排一定额度用于"宜机化"改造；四是严格坚持标准，现行地方标准是在实践中反复提炼总结的规则，今后继续对标执行；五是建立灵活有效机制，坚持"先建后补、差额包干、谁用谁建"；六是注重统筹结合，将"宜机化"与乡村振兴、两区划定、脱贫攻坚有机结合统筹推进。

七、农机生产与流通

随着我国现代化进程中工业体系的完善和产业结构的优化，中国农机装备行业建立了整机企业与零部件企业衔接、大中小企业配套的较为健全的工业体系，但与制造强国相比"大企业大而全，小企业小不专"的现象依然严重，产业链不健全、欠协同依然是农机装备产业转型升级的主要制约。《国务院关于加快推进农业机械化和农机装备产业转型升级的指导意见》将"推进农机装备全产业链协同发展"作为加快推动农机装备产业高质量发展的重要内容之一，切中要害，针对性极强。

在农机装备产业转型升级过程中，我们需从多方面推动全产业链协同。一是建立新型整机与零部件企业的共生平等关系，遏制整机企业随意压价、欠款、抵货等不诚信行为，鼓励大企业精干主业、小企业做专做精，建立从产品研发设计—生产制造—销售服务全环节，上下游企业同步参与、风险共担、利益共享的机制，形成社会化协作、专业化生产的现代农机装备产业体系；二是树立先进制造装备与先进制造工艺共重的理念，针对农机产品异形结构件多、不规则钣金件多、特殊要求铸锻件多、焊接点多的特点，在使用先进制造装备时，应特别注意冲压（含切割）、焊接、涂装及装配等工艺的适用性和科学性，改变重设备轻工艺的陋习，用先进的工艺手段保证先进装备的效能和效率；三是推动传统制造与现代信息技术的深度共融，"互联网+传统领域"融合正引发新一轮生产力的变革，部分骨干企业开始应用 CAD、ERP、MES、PDM 等信息化技术，但因数据不匹配，标准不一致，导致了信息孤岛、数据碎片化和数据壁垒、信息不对称等问题，难以实现广义的数据分析处理和功能拓展应用。构建企业内部、企业间、企业与用户间生产要素互联互通的全产业链协同，真正实现提高效率、提升质量、降低成本，满足个性化定制和精准营销的需求。

近年来，中国农机工业协会通过多种方式扶持、培育农机零部件龙头企业，组织整机与零部件企业深度对接，鼓励整零企业共建关键零部件公共测试平台和联合研发团队；通过现场交流、专题研讨等形式，推广农机装备制造新工艺，培养机械制造工艺专业人才。下一步，协会将联合骨干企业建设农机装备工业大数据平台，在"数据格式""传输标准"等底层数据统一的基础上，通过互联网、云计算等新技术将信息进行专业化处理，实现数据的共享、衍生和增值，实现农机装备生产的快速、高效及精准分析决策，推动农机装备产业高质量发展。

八、农机化技术创新

当前，我国已成为世界第一农机生产大国和使用大国，但国产农机主要以跟踪国外技术为主，基础数据积累和基础理论研究薄弱，关键核心技术匮乏，原始创新能力严重不足，中低端产品产能过剩，高端装备主要依赖进口，严重制约了农业农村现代化的发展。《国务院关于加快推进农业机械化和农机装备产业转型升级的指导意见》明确提出"完善农机装备创新体系"，这是着眼于满足亿万农民对机械化生产的需求，大幅提高农业农村生产力和现代化水平的重要举措。

农业装备农艺要求复杂、机具作业环境恶劣、作业对象多变，涉及技术领域广、研发难度大，必须建立农机农艺融合、机械化信息化融合、"设计—材料—工艺"协同优化、工程化验证与改进等创新体系。《意见》中"完善农机装备创新体系"充分考虑了我国农业生产对农机装备的不同需求，提出研发适合国情、农民需要、先进适用农机，符合国情、切合实际，必将提高农业生产效率、促进农民增收。《意见》提出构建产学研推用深度融合、多部门协调联动、覆盖关联产业的农机装备协同创新体系，必将进一步促进农机装备原始创新水平的提升和关键技术的攻关。《意见》提出孵化培育一批农机高新技术企业、探索"企业+合作社+基地"的农机产品研发推广新模式，对激发企业创新动力和活动，促进农机装备产业转型升级，打破国外垄断，具有重要的推动作用。

当前，我国农机产品低水平重复、模块化复制、同质化竞争的现象十分普遍，产品的质量特别是可靠性是明显短板，拖拉机、联合收割机等产品的平均故障间隔时间（MTBF）平均水平不到国际先进企业同类产品的三分之二，达到国际领先水平的产品不到5%，难以满足广大农机用户的需求。《国务院关于加快推进农业机械化和农机装备产业转型升级的指导意见》坚持问题导向，明确提出"加强农机装备质量可靠性建设"，作为 18 项具体任务举措之一，安排部署，必将有力提升我国农机产品质量水平。

《意见》明确提出，到 2025 年农机产品质量可靠性的发展目标达到国际先进水平，并且按照产品质量形成的管理流程，分别从产品建标、试验评价、监督检查等环节，给出了建设的具体路径。在产品标准构建上，要求聚焦精准农业、智能绿色农机发展方向，强化农机农艺、农机化信息化融合，指明了农机产品的设计要求；在试验评价上，要求聚焦产品的安全性、适应性、可靠性、可维修性等用户最关心的质量指标，加强零部件和整机的试验测试和鉴定能力建设，用好农机产品强制性产品认证和自愿性认证手段；在监督检查上，要求聚焦强化企业质量主体责任和知识产权保护，综合运用政府监管、企业自律、行业规范、违规严惩，推动增品种、提品质、创品牌"三品"专项行动。上述举措，必将推进农机产品性能特别是作业效率和舒适性、产品质量特别是可靠性水平明显提升，满足对农机装备产品"干活快、不爱坏、维修少"的愿望，提高我国农机装备产品的国际竞争力。

九、农机化人才培养

《国务院关于加快推进农业机械化和农机装备产业转型升级的指导意见》将"切实加强农机人才队伍建设"列为重大任务之一，意义重大。邓小平同志曾经指出：劳动生产率的提高最终要依靠科技和提高劳动者的素质。农机人才具有公共性、基础性和社会性属性，是加快推进农业机械化和农机装备产业转型升级的第一资源。新型多功能、智能化、环保型、大型化农机装备创新研发和生产制造离不开高层次、复合型创新人才的强有力支撑。农机装备操作人员的素质和技能水平又直接影响着农机装备的作业质量、机器性能的低耗高效发挥及其使用寿命、效益和安全，决定着各类先进农业科技的应用到位率。

当前，从农机装备产业发展层面来看，我国农机产业一缺"白领"，即农机装备研发创新人才，二缺"蓝领"，即农机装备制造技术骨干；从农业机械化行业发展层面看，我国各级各类农机化管理人才水平亟待提升，特别是基层实用技能型人才短缺极为严重。如何根据农机化行业的实际需求培养定制人才，如何使培养的农机人才真正投身农机化行业中去，是各类农业工程类院校所面临的主要问题。

《意见》从"健全新型农业工程人才培养体系"和"注重农机实用型人才培养"两个方面，对农机人才队伍建设工作进行了部署。我们应突出抓好以下四个工作着力点：一要加强农业工程学科建设，鼓励开展多方位、多层次的农机人才培养国际合作交流，应对日趋激烈、复杂的农机产业领域国际竞争。二要坚持"需求导向、服务发展，以用为本、质量为先，创新机制、持续改进"的指导思想，以工程教育认证为契机，转变人才培养理念，努力提高高等农机人才培养质量。三要学习国家先进经验，大力强化农机职业教育，落实财政性职业教育经费投入，扩大农机专业职业教育招生规模，不断创新产教融合、校企合作、工学结合的农机职业教育人才培养模式。四要以新型农机服务组织为重点，大力加强基层农机实用人才的精准培育，加快构建高等教育、职业教育和基层从业人员再教育协调发展、有序衔接的人才队伍体系，全面开创农机人才培养的新局面。

主要参考文献

程岚，2010. 农机经营服务实用指南［M］. 银川：黄河出版传媒集团阳光出版社.

胡霞，2010. 新型农业机械使用与维修［M］. 北京：中国人口出版社.

刘丰亮，2010. 水稻插秧机高级维修技术［M］. 银川：黄河出版传媒集团阳光出版社.

田建民，2013. 宁夏现代农业机械化重点推广技术［M］. 银川：黄河出版传媒集团宁夏人民出版社.

智刚毅，2014. 农机操作人员培训材料［M］. 北京：中国农业大学出版社.